新一代人工智能创新平台建设及其关键技术丛书

人机协同

Human-Machine Synergy

吴信东　王祥丰　金　博　于　政　吴明辉　著

科学出版社

北　京

内 容 简 介

本书引入面向新型人工智能应用的人机协同概念，系统介绍人机协同理念与机制，并通过智慧餐厅与服务机器人、交互式图像分割等场景应用及发展人机协同技术。在前沿技术方面，深入介绍互补人机协同、混合人机协同、多人多机协同、人机协同中的伦理与安全等人机协同的核心内容。在应用实践方面，本书结合营销智能国家新一代人工智能开放创新平台建设，按照人机交互、人在回路、机器服务、人机混合系统的路线，通过实际案例，完整介绍人机协同体系。

本书适合高等院校人工智能、计算机、机器人等相关专业高年级本科生和研究生阅读，也可供人工智能等领域科学研究人员和工程技术人员学习参考。

图书在版编目（CIP）数据

人机协同/吴信东等著．—北京：科学出版社，2022.3

（新一代人工智能创新平台建设及其关键技术丛书）

ISBN 978-7-03-071824-2

Ⅰ．①人…　Ⅱ．①吴…　Ⅲ．①人-机系统-研究　Ⅳ．①TB18

中国版本图书馆 CIP 数据核字（2022）第 042224 号

责任编辑：裴　育　张海娜　赵微微 / 责任校对：任苗苗

责任印制：吴兆东 / 封面设计：蓝正设计

科学出版社 出版

北京东黄城根北街 16 号

邮政编码：100717

http://www.sciencep.com

北京建宏印刷有限公司 印刷

科学出版社发行　各地新华书店经销

*

2022 年 3 月第　一　版　开本：720 × 1000　B5

2023 年 1 月第二次印刷　印张：12

字数：236 000

定价：98.00 元

（如有印装质量问题，我社负责调换）

“新一代人工智能创新平台建设及其关键技术丛书”序

人工智能自 1956 年被首次提出以来，经历了神经网络、机器人、专家系统和第五代智能计算、深度学习的几次大起大落。由于近期大数据分析和深度学习的飞速进展，人工智能被期望为第四次工业革命的核心驱动力，已经成为全球各国之间竞争的战略赛场。目前，中国人工智能的论文总量和高被引论文数量已经达到世界第一，在人才储备、技术发展和商业应用方面已经进入了国际领先行列。一改前三次工业革命里一直处于落后挨打的局面，在第四次工业革命兴起之际，中国已经和美国等发达国家一起坐在了人工智能的头班车上。

2017 年 7 月 8 日，国务院发布《新一代人工智能发展规划》，人工智能上升为国家战略。2017 年 11 月 15 日，科技部召开新一代人工智能发展规划暨重大科技项目启动会，标志着新一代人工智能发展规划和重大科技项目进入全面启动实施阶段。2019 年 8 月 29 日，在上海召开的世界人工智能大会(WAIC)上，科技部宣布依托 10 家人工智能行业技术领军企业牵头建设 10 个新的国家开放创新平台，这是继阿里云公司、百度公司、腾讯公司、科大讯飞公司、商汤科技公司之后，新入选的一批国家新一代人工智能开放创新平台，其中包括我作为负责人且依托明略科技集团建设的营销智能国家新一代人工智能开放创新平台。

科技部副部长李萌为第三批国家新一代人工智能开放创新平台颁发牌照

舞台中央左起，第 2 位为吴信东教授，第 6 位为李萌副部长

为了发挥人工智能行业技术领军企业的引领示范作用，这些国家平台需要发挥“头雁”效应，持续优化人工智能的创新生态，推动人工智能技术的健康发展。

“新一代人工智能创新平台建设及其关键技术丛书”以国家新一代人工智能开放创新平台的共性技术为驱动，选择了知识图谱、人机协同、众包学习、自动文本简化、营销智能等当前热门且挑战性很强的方向来策划出版相关技术分册，介绍我国学术界和企业界近年来在人工智能平台建设方面的创新成就，以及在这些前沿方向面临的机遇和挑战。希望丛书的出版，能对新一代人工智能的学科发展和人工智能创新平台的建设起到一些引领、示范和推动作用。

衷心感谢所有关心本丛书并为丛书出版而努力的编委会专家和各分册作者，感谢科学出版社的大力支持。同时，欢迎广大读者的反馈，以促进和完善丛书的出版工作。

“大数据知识工程”教育部重点实验室(合肥工业大学)主任、长江学者

明略科技集团首席科学家

2021 年 7 月

前　言

每个人、每台机器都有自己擅长和做不了的事情，人机协同(human-machine synergy)的目标是将人和机器组成一个团队，集成人类智能和人工智能，促进人机自主交互，协作共赢。

人工智能研究的主要驱动力一直是机器与人类认知的协作与竞争，如机器在国际象棋中击败人类或者通过图灵测试，从而证明要么是机器比人类更好，要么是人类在某些领域比计算机做得更好。但是，人工智能总会具有一定的局限性，它不能(可能永远也不会)完全构建人类大脑的功能。例如，人脑非常灵活，能非常有效地抽象信息，在没有海量数据的情况下也能够学习，而人工智能系统在没有足够数据时就会变得寸步难行。到目前为止，人工智能能做的事情还非常有限，类比迁移能力极其脆弱，没有处理关联结构的自然方法，无法从本质上区分因果关系和相关性，这些也就促进了人机协同的发展。对人机协同而言，人和机器之间协作的基本思想是增强彼此的优势：前者的优势是领导力、团队合作、创造力和社交技能，而后者的优势是速度、精度、可伸缩性和量化能力。这种协作的前提是每个参与者都有自己的角色，如从零散的原始数据中获取有意义的领域知识。

人类的角色：在许多情况下，机器学习算法是在人类监督下训练的。领域专家在人类知识的各个特定领域，从多种语言的习语和疾病过程，到不同种类水果的种植，都收集了大量的数据集，并将其输入到算法中。进一步，人类是受情感驱动的，而情感恰恰是人工智能中需要模拟的最复杂的问题。因此，人类专家肩负着赋予人工智能对事实和情感环境正确感知的责任。人工智能的黑盒问题是指人工智能通过通常不透明的过程来得出结论并呈现结果的现象。在循证行业，如医学，从业者需要了解人工智能如何权衡输入数据，因此相关领域的人类专家需要向用户解释机器行为。人工智能系统应该始终正常、安全和负责任地运行，但事实并非如此，这就是为什么需要通过人类监督来预测和防止人工智能的各种潜在危害。

机器的作用：在人类专家的指导下，智能机器可以帮助人类扩展人类智能的能力，提供快速和经过精心计算的决策和洞察力。机器可以增强人类的认知能力，人工智能可以通过在正确的时间提供正确的信息来提高人类的分析和决策能力。机器计算速度更快、更准确，它们可以更好地对事物进行分类甚至分析，因此人类专家可以接收到有意义的数据预处理结果。人工智能系统可以通过执行日常任务来促进人与人之间的交流，如提供会议纪要并向无法出席的人分发可语音搜索的版本，这样的应用程序本质上是可伸缩的。一个聊天机器人可以同时为多人提供客户服务。许多人工智能驱动的应用程序都通过机器人来实现，通过安装的传感器、控制器和执行器来增强人类技能。这样的机器人现在可以识别物体、人、环境，它们在工厂、仓库和实验室与人类并肩工作，执行需要蛮力的重复动作，而人类则在需要人判断的地方执行互补的任务。

人机协作并不总是为了提高效率，目标函数也可能是成本或安全系数。它不一定需要纯粹的计算能力，也有可能是依赖直觉，或是对协作的预先进化倾向，以及难以编码表达的常识机制。到目前为止，我们主要将人工智能视为增强人类体能或认知能力的工具。但是如果我们在机器上找到真正的合作基因呢？机器和人类应该是完美的组合，因为他们是互补的，人机协同决定我们需要开发和使用哪些计算机特性。

本书作者多年来一直从事人机协同的研究工作，在国家自然科学基金、国家重点研发计划等项目的资助下，对人机协同提出了一系列新颖而完整的理论和研究算法，解决了一系列人机协同中的核心技术，并将其应用于解决实际问题。

本书的目标是对人机协同技术做一个系统全面的介绍和论述。通过引入人机协同的核心理念，从基本定义与机制、发展与趋势变革等方面对人机协同进行总体介绍。按照从简单到复杂的次序，系统论述各种人机协同的概念、目标、技术和应用场景。本书重点讨论互补人机协同、混合人机协同以及多人多机协同三个方面。最后通过介绍人机协同中的安全与伦理，加强人机协同系统完整性。

本书总体设计和审定由吴信东完成，参与撰写的有吴信东、王祥丰、金博、于政、吴明辉、胡亦秋、吴倩、林佳、吴婷钰等，对以上作者付出的艰辛劳动表示感谢。本书的撰写参考了国内外的相关研究，他们的丰硕成果和贡献是本书学术思想的重要来源，在此对涉及的专家和学者表示诚挚的谢意。本书也得到了“大数据知识工程”教育部重点实验室(合肥工业大学)和明略科技集团许多同行的大力支持和协助，在此一并致谢。本书出版得到了国家重点研发计划(2016YFB1000900)、国家自然科学基金重点项目(91746209)、教育部创新团队项目(IRT17R3)的资助，再次表示感谢。

非常希望能献给读者一部人机协同方面既有前沿理论又重视工程实践的好书，但囿于作者水平，书中难免存在疏漏和不妥之处，恳请各位专家、学者和广大读者不吝指正。

目　　录

第一篇　基础知识篇

第1章　人机协同的背景

18 世纪以来，人类已经经历了三次工业革命。第一次“蒸汽时代”，蒸汽机的诞生引领了农耕文明走向工业文明。第二次“电气时代”，电力和发电机驱动了钢铁、铁路和石油化学等重工业的兴起。第二次世界大战之后开始的第三次“信息时代”，电子计算机的发明启动了信息共享和资源交流的全球化进程。每一次工业革命都颠覆性地改变了人类文明发展的进程，从民众生活到国际关系都得以重新塑造。历史的车轮还在滚滚向前，人工智能(artificial intelligence)正在以迅雷不及掩耳之势席卷全球，开启了“人工智能时代”的第四次工业革命，而人机协同实现复杂问题求解将成为人工智能时代的一个主要标志。人机协同技术旨在集成人类智能和人工智能，由人类和机器人一起组成团队，自主交互，协作共赢。

人工智能研究和开发具有“智能”的计算机，旨在模拟和延伸人类智能，机器人是人工智能的一个应用领域。随着人工智能能力的不断提升，机器可以进行一些传统的人力劳动工作；与此同时，机器人技术的进步，也扩大了人工智能与现实世界交互的深度与广度。人工智能技术可能会给个人和社会带来新的机会，但是它同时也给现阶段靠劳动力生存的人们带来威胁。人工智能驱动下的自动化正在颠覆劳动力市场，劳动力市场也在随之做出调整。整个 20 世纪末期，技术变革不断通过各种不同方式产生作用。计算机和互联网的出现增加了相对生产力，这被称为技能偏向型技术进步。

未来，我们很难预测人工智能会对哪些职业产生冲击。因为人工智能不只是一种特定的技术，它是应用于不同任务的技术集合。基于当前人工智能发展的轨迹，可以进行一些具体的预测。以前，机器人大部分进行一些重复的机械性工作，如组装、削面等，但最近机器人还学到了更多技能，如做菜、看护患者、卖东西等。德国一个名为 PR2 的机器人，跟着指南网站 WikiHow 学会了煎薄饼和做比萨。软银、阿里巴巴、富士康开发的情感机器人 Pepper 在日本推出了企业版，据介绍，企业版的 Pepper 会预设一系列程序，让 Pepper 带有一身工作技能去上班，例如跟附近的人打招呼、做调查问卷或策划书、展示商品或者图像、接待客人、给来访者登记等。因此，受教育程度较低的工人比受过高等教育的工人更可能被自动化取代，换句话说，越机械、越单纯用体力、越不动脑的工作越容易被代替。

当人们试图与机器人共事时，许多冲突都来自双方对彼此的不了解，如果机器人能够理解它可能对人类情绪造成的影响，就有望与人类和谐地共同生活。MIT TR35(《麻省理工科技评论》“35 岁以下科技创新 35 人”)得主、加利福尼亚大学伯克利分校助理教授 Anca Dragan 认为，机器人与人工智能的正确观点应该是机器人试图优化人的目标函数。机器人不应该将任何客观的功能视为理所当然，而应该与人类一起去发现他们真正想要的是什么。人在进行复杂运算和精确操作时，需要机器的协同处理，由人类负责对柔性、触觉、灵活性等要求比较高的工序，机器人则利用其快速、准确的特点来负责重复性的工作。计算机运算复杂性数据的效率远远高于人脑的效率，而且运算量也是人脑远远不能比拟的。计算机运行处理数据很快，但是不会随机应变，缺乏人类的常识；人脑有思维能力、推理能力，但是，数据处理和运算能力并不突出。计算机和人脑互相结合，会在处理事物的路上向前更进一步。

站在机器和人类两者之间，如何形成人机交互的良好协同，机器需要做更多的算法优化，人要找到更适应机器的工作场景模型。狭义层面的人机融合，是指人类将自己的神经系统与计算机等机器相连接，以达到弥补人类感官、运动缺陷的效果，甚至还可能实现将人类意识与计算机人工智能融合的结果。人工智能与机器人的高度结合，有望发展出能够改变生命本身的技术，使人类与机器进一步融合，进而加强人类(特别是残疾人和老人)的机能，提升人类的生活质量，提高学习者的效率和增强学习动机，实现人机跨载体的协作学习。

不过，广义的人机融合还包含人机协作，人与机器之间不再是主仆关系或替代关系，而是伙伴关系。人同时操控多个机器人协同工作，可以提高效率，增加灵活性；人与机器人协调互动，不仅会提高机器人的加工精度和加工速度，还能增强机器人的自我学习功能。机器人发展的下一个阶段中，人机共融的模式将成为主流。德国菲尼克斯电气(中国)有限公司副总裁杜品圣表示，“未来的自动化制造，不是机器换人、工厂无人、机器造人，而是机器助人、工厂要人、智能学人。”

未来的人工智能技术将基于多模态交互，能够认知整合包括文本、图像、声音等在内的各种信息，从而使人机交互变得更自然、更精确、更稳定。要实现人工智能的多模态交互，需要进行跨模态研究，包括机器记忆、预测与数据校准、知识抽取、推理、归纳、表达和自主学习等。

随着人口老龄化，劳动力成本不断增加，智能机器人逐渐成为各大国家政策扶持的对象，智能机器人开始走下人工智能理论的云端，越来越“接地气”。智能机器人的适用范围已经大量覆盖了医疗、农业、金融、军工、物流、家政、教育等领域。

信息技术的高速发展使人类的生产生活发生了翻天覆地的变化。在智能时代的背景下，计算机技术广泛地融入人类生活的方方面面：移动互联网的普及使人们可以时刻在线上交流；触屏交互技术极大地便利了人类对工具的无障碍使用；3D 电影、虚拟现实(virtual reality，VR)、增强现实(augmented reality，AR)眼镜等产品技术兴起，使人们能足不出户地体验到媲美现实的数字世界。高科技成果不仅为人们带来了便捷和快乐，而且极大地促进了人机交互技术的发展。与此同时，人工智能的发展进入井喷期：深度学习在图像识别、语音识别等领域取得了瞩目成绩，基于强化学习的围棋应用 AlphaGo 连续击败了国际顶尖的围棋职业选手，引起了学术界的广泛关注。

作为这个时代最具变革性的力量之一，人工智能的突破使机器能更好地理解人的意图，满足人的需求。人工智能改变人与机器的协同方式，影响人们的生活，重新定义人与机器的关系，而传统人机协同技术并未因为人工智能所取得的成就得到同步发展，智能时代下各种新型交互协同方式的出现使得以多媒体为媒介的传统人机协同产品无法很好地适应新的需求，传统人机协同基础理论已无法支撑人机交互应用场景的变化带来的新问题，人工智能的发展为人机协同的发展提出如下新挑战。

(1) 主动协同。机器的主动协同是指在对用户心理、行为状态及所处场景等综合识别的基础上，主动地应对用户需求。长久以来，人机协同一直延续着人类“输入”、机器“反馈”的循环模式，人类始终是主动的，机器始终是被动的。随着语义理解、图像理解等人工智能认知技术的提升，机器应逐步建立起对用户和场景的全方位识别网络，不断对用户画像进行学习，从而准确地把握用户需求，基于此提供贴心化的服务，从而有效地提升用户的生活效率和生活品质。

(2) 情感协同。在人机协同过程中，机器基于表情、文本等方式的情感识别能力已有很大的提升。目前市面上出现的如情感陪护机器人、智能音箱、智能汽车等已经初步具备一些情感识别能力，可以根据不同的场景、对象，进行适当的情感交互协同。但是人的情感状态往往是通过语言、表情、动作等方式综合传递的，机器应实现多维度的情感识别融合机制，从而具备更加完善的人类思维理解、情景理解能力，情感交互能力也应更智能、更体贴。

(3) 多场景衔接协同。人工智能技术的进一步成熟和落地，以及人工智能与大数据、物联网的有机结合使得人工智能将从单品智能、独立场景转向互联智能、场景融合进阶。未来，机器应实现互联互通，更进一步融合场景实现多场景衔接。VR/AR 等人机交互技术应促进线上和线下、虚拟和现实的连接，加速扩展到更多产业和实体，AR 中现实与虚拟将从简单叠加到有机融合，实现用户可以源自自然意识进行人机协同。

由此可见，人与机器迫切地需要被定义一种新的关系模式，走向更为紧密的深度融合，实现人机协同。具体来说，机器在学习过程中的主体性作用应逐渐增强，智能设备应该能够分担认知活动，应从学习系统的工具、中介性角色演变为纳入学习系统本身的主体性角色。与此同时，人的认知不仅依赖自身，也依赖机器。人机协同智能设备应改变传统人机交互中信息加工完全取决于人类记忆系统和其中知识表征和储存的方式，分担原本全部由学习者大脑完成的信息存储、信息感知、信息识别、规律认知等认知活动，通过底层的信号采集、信号解析、信息互通、信息融合及智能决策等关键技术，使人脑和机器真正地成为一个完整的系统。人机协同智能设备将通过使用人类智慧形成的数据训练机器智能模型，并与人类智慧集成来实现人机融合智能，进而达到人机协同的目标，人机协同能改善、弥补学习者原有认知能力的不足，突破个体认知极限。

本书对人机协同这一领域的相关知识、技术及应用场景进行了全面系统的阐述与介绍。在后续章节中，第 2 章引出人机协同的核心理念，从宏观层面总结人机协同的基本定义与机制，展望人机协同领域的发展与变革趋势，并以人机协同基础知识为支撑，为展开后续相关人机协同技术做铺垫。第 3～5 章循序渐进地系统论述人机协同的概念、目标、技术和应用场景。第 3 章从初级的互补人机协同入手，着重描述互补人机协同和交互人机协同的概念与应用场景。第 4 章更深层次地探讨混合人机协同中的人机交互技术，展开讨论人类与机器的混合系统，包括人类控制、基于规则/技巧的协同、人在回路、人类知识等，并通过多个混合人机协同场景进行应用示例。第 5 章介绍人机协同的真正目标——多人多机协同，以多个多人多机协同场景为出发点，从多智能体系统与多智能体决策、人类行为建模以及高效通信与交互三个方面进行深入讨论。最后，人机协同中的伦理与安全是人机协同系统中不可或缺的一部分，同样也是近年来人工智能关注的热点。伦理问题、安全可信的人机协同以及人机协同系统中人类与机器的公平性等问题，是第 6 章的重点讨论内容。

第 2 章　人机协同理念

2.1　基本定义与机制

人机协同是通过合理有效的交互协调机制，集成人类智能和人工智能，由人类和机器人一起组成团队，自主交互，协作共赢。人机协同是一门综合学科，它与人机工程学、多媒体技术、计算机科学、机器学习、认知心理学等密切相关，研究内容十分广泛，主要包含以下几种机制。

1. 互补人机协同机制

人机交互关键技术的发展使得我们经常在生活中使用的如键盘、鼠标等交互式的设备在很多应用中逐渐被更为自然的如电子触摸屏、语音识别控制界面等取代。如今这些更加自然、交互性更强的关键技术展现了如何使人类与机器智能和自然中的各种协同作用和力量相辅相成，创造并呈现出一个真正的“人+机器”的自然共生人机交互体系，成为一种更好的人机协同方式。本书将在第 3 章对互补与冗余人机协同机制所包含的一些关键技术及其应用，如多点触控、手势识别、表情识别、语音交互、眼动跟踪、笔交互等进行更深入的介绍。

2. 混合人机协同机制

智能机器与各类智能终端已经成为人类的伴随者，未来社会的发展形态将会是人与智能机器的交互与混合。人机协同的混合系统是新一代人工智能的典型特征。近半个世纪的人工智能研究表明，机器在搜索、计算、存储、优化等方面具有无可比拟的优势，然而，在感知、推理、归纳、学习等方面，机器无法与人类智力相匹敌。基于机器智能与人类智能的互补性，研究混合系统的新思路应运而生。混合人机协同机制指的是将对智能的研究延伸到生物智能与机器智能的互连，整合各自的优势，创造出更强大的智能形态。本书将在第 4 章对混合人机协同机制所包含的一些关键技术及其应用进行更深入的介绍。

3. 多人多机协同机制

在多人多机协同工作的环境下，单个任务会被参与者拆分，在决定下一步动作时必须考虑协作者的动作，当其中一位参与者不能独立完成一种特定动作时其他参与者必须相互援助。多人多机环境具有高度的动态复杂性，产生系统冲突是必然的。系统冲突会严重影响多人多机环境下各个协作者的独立决策能力和系统的总体性能。因此，需要一定的协调方法和目标函数来调节优化协作者之间存在的冲突，保证协作者所构成的群体行为具有一致性。不仅如此，为了在协作者之间建立相同的理念和共同的基础，必须有一个清晰的沟通与交流渠道，这样才能实现和优化共同的目标。目前，人机协同应用到了公安、消防、餐饮、金融等多场景下，可以实现单人单机的应用，发展方向是利用多人多机的资源解决更加复杂的问题，从而实现机器的自主调度功能。本书将在第 5 章对多人多机协同机制所包含的一些关键技术、建模方式、通信交互及应用场景进行更深入的介绍。

2.2 人机协同的发展与趋势变革①

作为智能信息时代备受关注的两大重要研究领域，人机协同与人工智能的发展随着用户需求与环境发展不断变更。人机协同为人工智能提供了应用需求和研究思路，而人工智能也驱动了人机协同技术的发展和变革。具体来说，人机协同与人工智能的发展可以分为人机协同与人工智能交替发展、人机协同与人工智能相互驱动发展、人机协同与人工智能深度协同发展三个主要层次。

2.2.1 人机协同与人工智能交替发展

人机协同最初的重要表现形式是人机交互，人机交互(human computer interaction，HCI)的科学起源可以追溯到 1960 年约瑟夫·利克莱德(J. C. Licklider)发表的一篇名为“人机共生”(Man-computer symbiosis)的文章[1]，其中提到人应与计算机进行交互并协作完成任务。1992 年，国际计算机学会下的人机交互兴趣小组把人机交互定义为一门对人类使用的交互式计算机系统进行设计、评估和实现，并对其所涉及的主要现象进行研究的学科。2007 年，美国国家科学基金会在其信息和智能系统分支中把“以人为本的计算”列为三个核心技术领域之一，其具体主题包含多媒体和多通道界面、智能界面和用户建模、信息可视化以及高效的以计算机为媒介的人机交互模型等。同年，欧盟第七框架计划中也包含了自然人机交互的内容。从 2012 年开始，国际计算机学会在计算机学科领域分类系统中把人机交互列为计算机学科的重要分支领域，标志着人机交互在计算机学科中开始占据重要位置。从人机交互的发展历程可以看出，人机交互的发展历程与计算机发展的过程密切相关。计算机与人的交互方式从无交互到命令语言交互，再发展到

① 本节内容参考自：范向民，范俊君，田丰，戴国忠. 人机交互与人工智能：从交替浮沉到协同共进. 中国科学：信息科学，2019，49(4)：361-368.

现在占据主流的图形交互，使得计算机成为人人可以操作的工具，图形用户界面(graphical user interface，GUI)造就了个人计算机时代的辉煌。在图形用户界面时代下，人机交互系统的研究取得了不菲的成就。然而随着智能时代的到来，多媒体、多通道、虚拟现实、移动计算和人工智能等技术迅速发展，计算机的处理速度和性能得到了迅猛提升。虽然计算机硬件技术已经不是障碍，但是用户使用计算机的交互能力并没有得到相应的提高，其中一个重要原因就是缺少与新交互需求相适应的、高效自然的人机交互。智能时代对人机交互提出了新的要求和挑战，一些阻碍当代人机交互发展的理论问题和技术问题需要得到根本性的解决。

人工智能最早出现在 1956 年美国达特茅斯学院召开的人工智能夏季研讨会上。人工智能的概念一经提出，就被当时的人们给予了很高的期望。当时的研究人员对人工智能发展的期望是构建能复制或超越人类行为和智慧的强大智能体，使得人工智能在 20 世纪 60～70 年代迅速成为一个初具规模的研究领域，并相继取得了一批令人瞩目的研究成果，如机器定理证明、跳棋程序等。人工智能发展初期的突破性进展大大提升了人们对人工智能的期望，人们开始尝试更具挑战性的任务，并提出了一些不切实际的研发目标。1973 年，詹姆斯·莱特希尔(James Lighthill)向英国科学研究委员会提交报告，介绍了人工智能研究的现状，他得出结论“迄今为止，人工智能在各领域的发现并没有带来像预期一样的重大影响”。这个报告最终导致政府对人工智能研究的热情迅速下降，这成为人工智能第一次寒冬开始的标志。冷静下来后，人工智能的研究者开始思考怎样才能让人工智能更加实用这一问题。1977 年，*Artifical Intelligence* 期刊发表了一篇由人工智能和早期人机交互研究者共同署名的文章，讨论了自然语言理解领域里面“可用性”的问题。某种意义上，这篇文章成为当时人们思想转变的代表性标志。紧接的十年里，人机交互迅速发展。一批具有巨大影响力的人机交互实验室建立，包括施乐帕克研究中心(Xerox PARC)、国际商业机器公司(IBM)、贝尔实验室等，且它们对 1982 年国际计算机协会人机交互委员会(ACM SIGCHI)的成立起到了至关重要的推动作用。加利福尼亚大学圣迭戈分校的唐·诺曼(Don Norman)于 20 世纪 70～80 年代在人工智能论坛上阐述了与人机交互相关的工作，并共同创办人机交互领域的顶级会议——CHI 会议(The ACM SIGCHI Conference on Human Factors in Computing Systems)。毫无疑问，70 年代中后期人工智能的第一次寒冬反而成为人机交互发展的第一个黄金时期。

在 20 世纪 80 年代的人工智能热潮中，人工智能研究人员和主流的媒体认为语音和语言理解将会成为未来人与计算机沟通的主要渠道。虽然图形用户界面在 1985 年发布的麦金塔(Macintosh)计算机中大获成功，但这些进展依旧无法与人工智能宏伟的愿景相提并论。更为关键的是，人工智能研究人员掌握着大量的经费和媒体及民众的广泛关注。1982 年，ACM SIGCHI 成立，1983 年召开了第一届

CHI 会议。尽管国际计算机协会(ACM)是主要赞助方之一，然而 1983 年和 1984 年两届的 CHI 会议却鲜有计算机科学家参加，更多的是认知心理学家和人因工程师。1985 年图形用户界面成功的商业化使得基于 GUI 的研究不必再基于昂贵的计算机，极大地扩展了人机交互相关研究的空间，也因此吸引了大量的计算机科学家参加 CHI 会议。与此同时，人机交互和人工智能开始出现了一些融合迹象。人机交互吸引了一些致力于研究如何辅助用户更好地使用工具的人工智能学者，其中包括当时在加利福尼亚大学圣迭戈分校和海军研究办公室的吉姆·霍兰(Jim Hollan)，他将建模和可视化方面的早期成果发表在人工智能会议上。还有格哈德·菲舍尔(Gerhard Fischer)，他专注于教练系统和评论系统，相关工作同时发表在人机交互和人工智能的会议上。越来越多的 CHI 会议的文章涉及当时流行的人工智能技术，如建模、自适应界面等。美国政府也对“Usable AI”的概念非常感兴趣，他们资助了很多研究语音系统、专家系统和知识工程中的人因研究的项目。

人工智能在 20 世纪 80 年代末再次因为没有做出实际能够落地的成果而陷入低谷。从美国人工智能协会(AAAI)的参会人数可见一斑。1986～1988 年，AAAI 每年 4000～5000 人参会，1990 年降到 3000 人，1991 年不足 2000 人，后来相当长一段时间稳定在 1000 人左右。与此同时，人机交互进入了又一个黄金时期。很多学校的计算机系将人机交互列入核心课程，并聘用人机交互教员。人机交互毕业生人数也大幅上升。不少之前在人工智能领域的研究人员开始在 CHI 会议上发表文章，包括推荐系统的研究人员麻省理工学院的佩蒂·梅斯(Patti Maes)、密歇根大学的保罗·瑞斯尼克(Paul Resnick)、明尼苏达大学的乔·康斯坦(Joe Konstan)等，以及研究语音识别的沙龙·奥维亚特(Sharon Oviatt)和研究机器学习的埃里克·霍维茨(Eric Horvitz)。

从人机交互的角度看，人工智能的发展使鼠标、键盘、触屏等传统的人机交互技术难以使人与计算机实现如同人与人之间那样高效自然的交互，而语音识别、图像分析、手势识别、语义理解、大数据分析等人工智能技术能帮助计算机更好地感知人类意图，完成人类无法完成的任务，驱动人机交互的发展。从人工智能的角度看，以人机交互为代表的人机协同是人工智能的重要研究途径。研究者意识到人机协同与人工智能的关系不应是此消彼长的，在人工智能发展遇到瓶颈之时人机协同往往能够提供新的研究思路。人工智能技术也能给人机交互带来新的突破，驱动人机交互的发展，因此以人机交互为代表的人机协同与人工智能逐步融合，进入相互驱动发展阶段。

2.2.2　人机协同与人工智能相互驱动发展

经历了人机协同与人工智能的两次大起大落后，人们不再抱有让计算机的能力全面超过人类这种在当前技术条件下不太可能实现的幻想，转而更加注重真正能够落地的更实际的研究工作。这种转变造成的结果就是人工智能领域逐渐分化为以概率模型和随机计算为基础的五大相对独立的学科方向，包括计算机视觉、自然语言理解、认知科学、机器学习和机器人学。关于通用人工智能，即在各个方面都能达到或超过人类水平的智能体的呼声越来越少，而针对特定场景和任务的人工智能研究取得了很大的进展和成功。在图像和语音识别方面，机器已经达到了普通人类的水平；在棋类游戏方面，1997 年“深蓝”在国际象棋上、2017 年 AlphaGo 在围棋上均已经击败了当时顶尖的人类棋手。可以说，人工智能的发展不断革新着人机交互的方式，驱动人机交互由传统方式向更智能、更自然的方式进步。

与此同时，人机协同同样驱动着人工智能的发展。机器学习先驱迈克尔·欧文·乔丹(Michael I. Jordan)提出“人工智能最先获得突破的领域是人机对话，更进一步的成果则是能帮人类处理日常事务甚至做出决策的家庭机器人”。人机对话的需求推动了相关人工智能技术的发展，如苹果的 Siri、微软的小冰、谷歌的 GoogleHome、亚马逊的 Echo 等，都是为了解决传统人机对话方式低效、不自然的问题而催生的人工智能应用。当前以图形用户界面为主流的人机交互方式依然面临着交互带宽不足、交互方式不自然等问题，要解决这些交互中的挑战，需要在情境感知、意图理解、语音和视觉等方面取得更大的突破，这些来自人机协同的需求也在不断驱动着人工智能的发展与进步。

人机交互与人工智能的融合达到了空前的力度，专注于人机协同和人工智能的期刊和会议越来越多，论文数量和影响力不断提升。第一届智能交互领域顶级会议 ACM 智能用户界面会议(Intelligent User Interfaces，IUI)在 1993 年召开(1997 年召开第二届，之后每年一届)，专注于利用最新的人工智能技术，包括机器学习、自然语言处理、数据挖掘、知识表达与推理等提高交互的效率和体验。IUI 的投稿数量在 2018 年达到了历史最高(371 篇)。另外，“Usable AI”会议也从 2008 年开始举办，目的是填补人机交互和人工智能系统设计的鸿沟，使得人工智能的成果能够真正用到人们日常使用的系统中。同时，ACM 也创立了专注于智能交互的期刊 TIIS(*Transactions on Interactive Intelligent Systems*)，并得到了学术界和业界广泛的关注和认可。各大科技公司也先后启动了相关项目，包括谷歌的“Human-Centered Machine Learning”、IBM 的“Human Machine Inference Networks”、华为的“Intention Based UI”等，旨在通过研究人工智能和人机交互协同的融合方法，将人工智能技术变得更加可靠，同时将人机交互变得更加自然和方便。

情感认知计算是自然人机交互协同中的一个重要方面，赋予信息系统情感智能，使计算机能够“察言观色”，将极大提高计算机系统与用户之间的协同工作效率。而情感的感知和理解离不开人工智能方法的支撑。例如，针对人脸自发表情实时跟踪与识别的过程中存在的环境复杂度高、面部信息不完整等挑战，中国科学院软件研究所借助内嵌三维头部数据库恢复个性化的三维头部模型研发的人脸情感识别引擎在非限制用户无意识动作情况之下可实现人脸表情稳定准确跟踪，该技术已在上海智臻智能网络科技股份有限公司的“小 i 机器人”系列产品中进行了应用，获得业界广泛好评。另外，由中国科学院软件研究所、中国电子技术化标准研究院和上海智臻智能网络科技股份有限公司联合提出的国际标准“*Information Technology-Affective Computing User Interface Framework*”于 2017 年 2 月的 ISO/IEC JTC1/SC35 工作组会议上获得正式立项。此标准不仅是中国牵头的第一个人机交互领域国际标准,也是用户界面分委会首个关于情感计算的标准。该标准填补了国内外该领域标准的空白,并对今后情感交互的发展产生深远影响，推动人机交互往更加人性化、智能化的方向发展。

2.2.3 人机协同与人工智能深度协同发展

2017 年 7 月，国务院发布《新一代人工智能发展规划》，是我国在人工智能领域发布的第一个系统部署文件，描绘了未来十几年我国人工智能发展的宏伟蓝图，重点对 2030 年我国新人工智能发展的总体思路、战略目标和主要任务及保障措施进行了系统的规划和部署。《新一代人工智能发展规划》将“人机混合智能”列为亟须突破的基础理论瓶颈之一，着重研究“人在回路”的混合增强智能、人机智能共生的行为增强与脑机协同及人机群组协同等关键理论和技术，并指出未来“人机协同成为主流生产和服务方式”。提升人机交互效率、使计算机具有认知能力是实现这一目标的必要条件。

人在回路(human-in-the-loop)属于计算机科学的一个前沿领域，指计算机与人脑合作，共同管理或操作一个系统，是人机协同的关键之一。在此定义中，人可以扮演主动角色参与操作，也可以扮演被动角色单纯被计算机观察和服务。一个人在回路的机器学习框架中，机器可以自动操作大部分的工作，人类可以在机器无法确定的情况下协助判断。人能够有效地与机器学习模型交互，机器学习技术在人无须深入了解的情况下就能做出更好的决策。将机器学习模型和人类连接也不是一件容易的事情，其中需要数据科学家们花费大量的时间来建立机器学习模型，并且需要人类智慧在机器预测不准确的情况下进行协助。通过人在回路技术，这个过程可能不再需要数据科学家,也不需要花费精力再去管理可能所需的人力。例如，机器能辅助人实现数据的标注，自动减少需要人工判断的照片数量；对于一小部分机器没有高度自信来解决的问题，人类就可以帮助解决，这样做也可以对机器学习模型进行再次训练；在只有少量数据可用时，由人进行早期判断，这样也能更加准确，但是随着时间的推移，机器可以学习并且完成这样的任务；在计算机视觉任务中，交通摄像头可以自动监测高乘载车道违规；健身的程序可以通过食物的照片自动记录热量摄入；在音频处理中，发送信息的应用可以非常准确地将语音转换为文字；等等。关于人在回路技术的详细介绍及更多应用场景，本书将在第 4 章进一步展开叙述。

目前人在回路技术可以通过优化的设定和优化进程中的实时调整，弥补现有计算能力与优化算法仍不能支持完全自动化的全面寻优的不足。但人毕竟有其局限：人的经验、记忆力有限；人对强耦合、强非线性问题的理解、梳理能力有限；人无法像计算机那样不眠不休；等等。随着大规模并行计算能力的发展、问题复杂程度的增加，人在人在回路的优化设计中又将成为瓶颈，随着人工智能、深度学习等的飞速发展，引入机器智能来辅助甚至代替设计师在人在回路中的行为成为人们思考的方向。目前看来，由于人工神经网络在信息收纳和响应重构方面体现出了存储量大、映射多尺度、非线性构建能力强的优势，以及深度学习在数据挖掘方面表现出的强大的分析能力，基于人工智能技术进行数据挖掘，知识构建与决策是实现人在回路技术的解决之道。

未来的设计中人会不会、应不应该被计算机完全取代，这其实是人工智能发展的普遍性、哲学性问题。但减少人的重复、机械工作量，使其能够集中于创造性的工作应该是明确的主题。通过人机交互和协同，提升人工智能系统的性能，使人工智能成为人类智能的自然延伸和拓展，通过人机协同更加高效地解决复杂问题，具有深刻的科学意义和巨大的产业化前景。未来将是人机交互和人工智能紧密深度融合，协同共进的时期。

2.3　人机协同基础知识支撑

人机协同关注通过合理有效的交互机制，将人的经验引入辅助机器“学习”，更重要的是提高机器的智能水平以更高效地辅助人类，最终实现复杂环境下的多人多机智能协同——这意味着人机协同中的智能结构将分担原本由学习者大脑完成的认知活动，改变信息的获取、加工、互通、融合以及智能决策等过程。随着技术的进步，科学研究和工程实践中遇到的问题变得越来越复杂，采用传统的计算方法来解决这些问题面临着计算复杂度高、计算时间长等问题，特别是对于一些 NP(non-deterministic polynomial)难问题，传统算法根本无法在可以忍受的时间内求出精确的解。为了在求解时间和求解精度上取得平衡，计算机科学家提出了很多具有启发式特征的计算智能算法，其中最为典型的就是人工神经网络。人工神经网络旨在通过模拟大自然和人类的智慧实现对问题的优化求解，并在可接受的时间内求解出可以接受的解。

以人工神经网络为代表的计算智能算法发展速度十分迅猛，已经得到了国际学术界的广泛认可，并且在优化计算、模式识别、图像处理、自动控制、经济管理、机械工程、电气工程、通信网络和生物医学等多个领域取得了成功的应用，应用领域涉及国防、科技、经济、工业和农业等各个方面。这些算法都离不开一些人工智能的基础知识支撑，如机器学习、深度学习、强化学习、知识图谱、计算机视觉和自然语言处理等。这些基础知识实现了对底层的信号采集、信号解析、信息互通、信息融合以及智能决策等关键技术，从而使人脑和机器真正地成为一个完整的系统。本节将对这些基础支撑知识做进一步的分析介绍。

2.3.1　机器学习基础

机器学习是人工智能的一个分支。人工智能的研究历史有着一条从以“推理”为重点，到以“知识”为重点，再到以“学习”为重点的自然、清晰的脉络。显然，机器学习是实现人工智能的一个途径，即以机器学习为手段解决人工智能中的问题。机器学习在近 30 年已发展为一门多领域交叉学科，涉及概率论、统计学、逼近论、凸分析、计算复杂性理论等多门学科。机器学习理论主要是设计和分析一些让计算机可以自动“学习”的算法。机器学习算法是一类从数据中自动获得规律，并利用规律对未知数据进行预测的算法。因为机器学习算法中涉及了大量的统计学理论，机器学习与推断统计学联系尤为密切，所以机器学习算法也被称为统计学习理论。在算法设计方面，机器学习理论关注可以实现的、行之有效的学习算法。很多推论问题属于无程序可循难度，所以部分的机器学习研究是开发容易处理的近似算法。

机器学习现已广泛应用于数据挖掘、计算机视觉、自然语言处理、生物特征识别、搜索引擎、医学诊断、检测信用卡欺诈、证券市场分析、DNA 序列测序、语音和手写识别、战略游戏和机器人等各领域。

机器学习主要可以划分为以下几种类别。

(1) 监督学习(supervised learning)：从给定的训练数据集中学习出一个函数，当新的数据到来时，可以根据这个函数预测结果。监督学习的训练集要求是包括输入和输出，也可以理解成特征和目标，其中目标是由人标注的。常见的监督学习算法包括回归分析和统计分类等。

(2) 无监督学习(unsupervised learning)：与监督学习相比，无监督学习训练集没有人为标注的目标。常见的无监督学习算法有生成对抗网络(generative adversarial network，GAN)和聚类等。

(3) 半监督学习(semi-supervised learning)：介于监督学习与无监督学习之间。半监督学习使用大量的未标记数据的同时，使用标记数据进行模式识别工作。半监督学习要求尽量少的人员来从事工作，同时，又能够带来比较高的准确性。

(4) 强化学习(reinforcement learning)：又称再励学习、评价学习或增强学习，指机器为了达成目标，随着环境的变动而逐步调整其行为，并评估每一个行动之后所得到的回馈是正向的或负向的过程。强化学习用于描述和解决智能体(agent)在与环境的交互过程中通过学习策略以达成回报最大化或实现特定目标的问题。

机器学习涉及的相关算法很多，以下简单介绍六种常用的算法。

1. 决策树算法

决策树(decision tree)是在已知各种情况发生概率的基础上，通过构成决策树来求取净现值的期望值大于等于零的概率，评价项目风险，判断其可行性的决策分析方法，是直观运用概率分析的一种图解法。这种决策分支图形很像一棵树的枝干，故称之为决策树。在机器学习中，决策树是一个预测模型，它代表的是对象属性与对象值之间的一种映射关系，树中的每一个节点表示对象属性的判断条件，其分支表示符合节点条件的对象。树的叶节点表示对象所属的预测结果。

决策树是一种树形结构，其中每个内部节点表示一个属性上的测试，每个分支代表一个测试输出，每个叶节点代表一种类别，广泛地被用于分类回归任务中。以二分类的任务为例，需要从给定的训练集中学习得到一个模型从而对新的给定的数据进行分类，图 2.1 是一棵用于预测贷款用户是否具有偿还贷款能力的决策树。贷款用户主要具备三个属性：是否拥有房产，是否结婚，平均月收入。每一个内部节点都表示一个属性条件判断，叶节点表示贷款用户是否具有偿还贷款的能力。

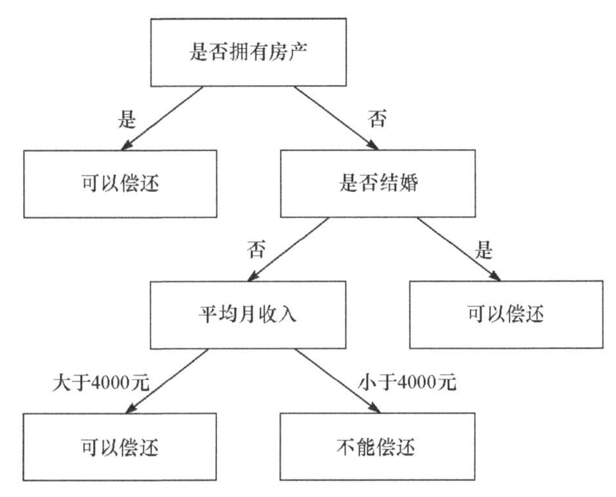

图 2.1　一棵用于预测贷款用户是否具有偿还贷款能力的决策树

以用户甲(无房产，未结婚，月收入 5000 元)为例，通过决策树的根节点判断，用户甲符合右边分支(是否拥有房产为“否”)；再判断是否结婚，用户甲符合左边分支(是否结婚为否)；然后判断平均月收入是否大于 4000 元，用户甲符合左边分支(平均月收入大于 4000 元)，该用户落在“可以偿还”的叶节点上。所以预测用户甲具备偿还贷款能力。

可以看到，决策树模型呈树形结构，分类的过程可以看成是一个 if-then 的规则集合，也可以认为是定义在某个特征空间与类空间的条件概率分布。其优点是有高可读性、分类速度快。决策树的构建一般包括三个步骤：特征选择、决策树的生成和决策树的修剪。决策树学习算法通常是一个递归地选择最优特征，并根据该特征对训练数据进行分割，使得对各个子数据集有一个最好的分类过程。这一过程对应着对特征空间的划分，也对应着决策树的构建。决策树的构建过程如下：

(1) 构建根节点，将所有训练数据都放在根节点。

(2) 选择一个最优特征，按照这一特征将训练数据集分割成子集，使得各个子集有一个在当前条件下最好的分类。

(3) 如果这些子集已经能够被基本正确分类，那么构建叶节点，并将这些子集分到所对应的叶节点中去；如果还有子集不能被基本正确分类，那么就对这些子集选择新的最优特征，继续对其进行分割，构建相应的节点。

(4) 递归地进行下去，直至所有训练数据子集被基本正确分类，或者没有合适的特征为止。最后每个子集都被分到叶节点上，即都有了明确的类。这就生成了一棵决策树。

决策树中每个节点表示某个对象，每个分叉路径则代表某个可能的属性值，每个叶节点则对应从根节点到该叶节点所经历的路径所表示的对象值。决策树仅有单一输出，若欲有复数输出，可以建立独立的决策树以处理不同输出。决策树是数据挖掘中经常要用到的一种技术，可以用于分析数据，同样也可以用来预测。

2. 随机森林算法

随机森林是通过集成学习的思想将多棵树集成的一种算法，它的基本单元是决策树，而它的本质属于机器学习的一大分支——集成学习(ensemble learning)方法。在机器学习中，随机森林是一个包含多个决策树的分类器，并且其输出的类别是由个别树输出的类别的类别数量而定，这就是随机森林最简单的套袋(bootstrap aggregating，即 Bagging)思想。

随机森林中，套袋思想可直观地解释为：每棵决策树都是一个分类器(假设现在针对的是分类问题)，那么对于一个输入样本，N 棵树会有 N 个分类结果，随机森林集成了所有的分类投票结果，将投票次数最多的类别指定为最终的输出，从而组成一个强分类器。其算法具体过程如下：

(1) 从原始样本集中抽取训练集。每轮从原始样本集中使用自助法(bootstraping，有放回抽样)抽取 n 个训练样本。共进行 k 轮抽取，得到 k 个训练集

(k 个训练集之间是相互独立的)。

(2) 每次使用一个训练集得到一个模型，k 个训练集共得到 k 个模型(根据具体问题采用不同的分类或回归方法，如决策树、感知器等)。

(3) 对分类问题，将上步得到的 k 个模型采用投票方式得到分类结果；对回归问题，计算上述模型的均值(所有模型的重要性相同)作为最后的结果。

随机森林是一种判别模型，既支持分类问题，也支持回归问题，并且支持多分类问题。它是一种非线性模型，其预测函数为分段常数函数。随机森林集成的思想使得它能够处理很高维度(特征很多)的数据，并且不用做特征选择，模型泛化力强，容易做成并行化方法，在即使有很大一部分特征遗失的情况下仍能维持准确度。相应的，随机森林的缺点是在某些噪声较大的分类或回归问题上会过拟合，对不同取值的属性的数据，取值划分较多的属性会对随机森林产生更大的影响，所以随机森林在这种数据上产出的属性权值是不可信的。

3. 人工神经网络算法

人工神经网络(artificial neural network，ANN)简称神经网络(NN)，是基于生物学中神经网络的基本原理，在理解和抽象了人脑结构和外界刺激响应机制后，以网络拓扑知识为理论基础，模拟人脑的神经系统对复杂信息的处理机制的一种数学模型。该模型以并行分布的处理能力、高容错性、智能化和自学习等能力为特征，将信息的加工和存储结合在一起，以其独特的知识表示方式和智能化的自适应学习能力，引起各学科领域的关注。它实际上是一个由大量简单元件相互连接而成的复杂网络，具有高度非线性，能够进行复杂的逻辑操作和非线性关系实现的系统。

神经网络也可以理解成一种运算模型，由大量的节点(或称神经元)相互连接构成。每个节点代表一种特定的输出函数，称为激活函数(activation function)。每两个节点间的连接都代表一个对于通过该连接信号的加权值，称之为权重(weight)，神经网络就是通过这种方式来模拟人类的记忆。网络的输出取决于网络的结构、网络的连接方式、权重和激活函数。而网络自身通常都是对自然界某种算法或者函数的逼近，也可能是对一种逻辑策略的表达。神经网络的构筑理念是受到生物的神经网络运作启发而产生的。人工神经网络则是把对生物神经网络的认识与数学统计模型相结合，借助数学统计工具来实现。另外，在人工智能学的人工感知领域，我们通过数学统计学的方法，使神经网络能够具备类似于人的决定能力和简单的判断能力，这种方法是对传统逻辑学演算的进一步延伸。

神经网络中最基本的成分是神经元(neuron)，神经元处理单元可表示不同的对象，如特征、字母、概念，或者一些有意义的抽象模式。图 2.2 展示了神经元的基本结构。

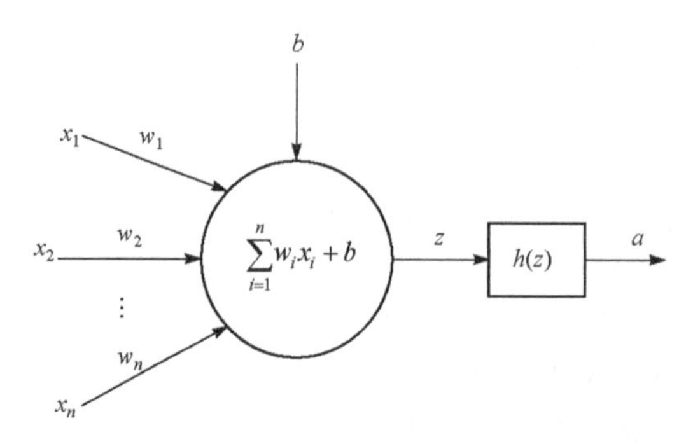

图 2.2 神经元的基本结构

一个神经元由以下几部分组成。

(1) 输入：n维向量$\vec{x}$。

(2) 线性加权：$z = \sum_{i=1}^{n} w_i x_i + b$。

(3) 激活函数：$h(z)$，要求非线性，容易求导数。

(4) 输出：标量a。

神经网络其实就是按照一定规则连接起来的多个神经元。图 2.3 展示了一个全连接(full connected，FC)神经网络结构。

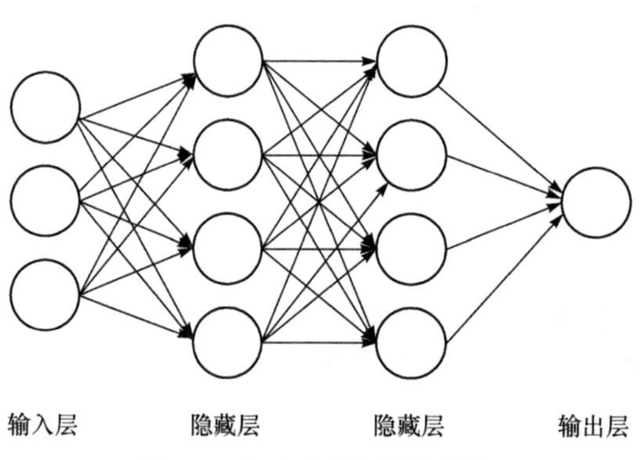

图 2.3 全连接神经网络结构

全连接神经网络的规则如下所示。

(1) 神经元按照层来布局。最左边是输入层，负责接收输入数据；最右边是输出层，获取神经网络输出数据。输入层和输出层之间的是隐藏层，它们对于外部来说是不可见的。

(2) 同一层的神经元之间没有连接。

(3) 第N层的每个神经元和第$N-1$层的所有神经元相连(这就是全连接的含义)，第$N-1$层神经元的输出就是第N层神经元的输入。

(4) 每个连接都有一个权值。

神经网络的工作过程包括离线学习和在线判断两部分。离线学习过程中各神经元进行规则学习，权重参数调整，进行非线性映射关系拟合以达到训练精度；在线判断阶段则是采用训练好的稳定的网络读取输入信息并通过计算得到输出结果。以上介绍的是最基本的人工神经网络结构，实际上，人工神经网络还有许多种连接形式，例如，从输出层到输入层有反馈的前向网络，同层内或异层间有相互反馈的多层网络等。人工神经网络有许多经典的网络结构，如卷积神经网络(convolutional neural network，CNN)、循环神经网络(recurrent neural network，RNN)等，它们都具有不同的连接规则，适用于不同的任务。神经网络是一种方法，既可以用来做有监督的任务，如分类、视觉识别等，也可以用来做无监督的任务。

4. 支持向量机算法

在机器学习中，支持向量机(support vector machine，SVM，又名支持向量网)指的是一种有监督学习模型及其相关的学习算法，广泛用于分类及回归分析。给定一组训练实例，并标记这些训练实例属于两个类别的其中之一，SVM 训练算法基于这些实例创建一个模型将新的实例归类为两个类别中的一个，使其成为非概率二元线性分类器(尽管 SVM 中有些方法如概率输出会在概率分类集合中使用)。SVM 模型将实例表示为空间中的点，使得不同类别的实例被尽可能明显的间隔所分开。然后，新的实例将被映射到同一空间中，并基于它们落在间隔的哪一侧来预测其所属类别。

除了进行线性分类之外，SVM 还可以使用核技巧实现有效的非线性分类，将其输入实例映射到高维特征空间中。对于未标记数据，SVM 无法进行有监督学习，但是可以使用无监督学习进行训练。无监督学习会尝试找出数据到簇的自然聚类，并将新数据映射到这些已形成的簇中。

SVM 学习的基本想法是求解能够正确划分训练数据集并且几何间隔最大的分离超平面。如图 2.4 所示，$wx+b=0$ 即为分离超平面，对于线性可分的数据集来说，这样的超平面有无穷多个(即感知机)，但是几何间隔最大的分离超平面却是唯一的。

SVM 算法基本原理分为软间隔最大化、拉格朗日对偶、最优化问题求解、核函数、序列最小优化(sequential minimal optimization，SMO)等部分。SVM 算法的优点是：可以解决线性不可分的情况；计算复杂度仅取决于少量支持向量，对于数据量大的数据集计算复杂度低。SVM 算法的缺点是：经典的 SVM 算法仅支持二分类，对于多分类问题需要改动模型；不支持类别型数据，需在预处理阶段将类别型数据转换成离散型数据。

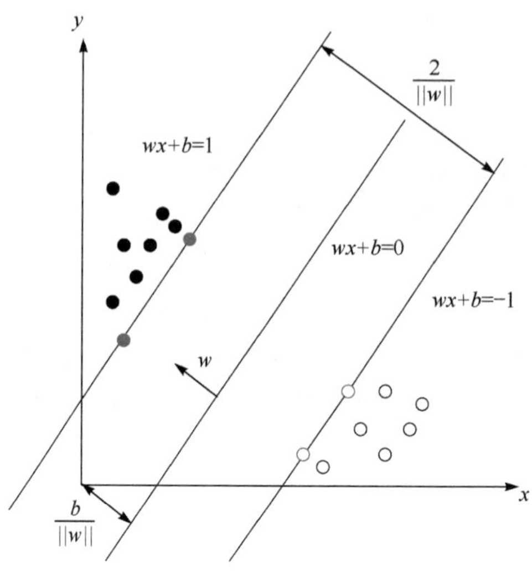

图 2.4　SVM 算法基本原理

5. EM 算法

最大期望(expectation-maximization，EM)算法是一类通过迭代进行极大似然估计(maximum likelihood estimation，MLE)的优化算法，通常作为牛顿法(Newton method)的替代，用于对包含隐变量(latent variable)或缺失数据(incomplete data)的概率模型进行参数估计。

EM 算法经常用在机器学习和计算机视觉的数据聚类(data clustering)领域，它的标准计算框架由 E 步(expectation step)和 M 步(maximization step)交替组成。E 步是计算期望，利用对隐变量的现有估计值，计算其最大似然估计值；M 步是最大化在 E 步上求得的最大似然估计值来计算参数的值。M 步上找到的参数估计值被用于下一个 E 步计算中，这个过程不断交替进行。

EM 算法是一个在已知部分相关变量的情况下，估计未知变量的迭代技术，其计算流程如下所示。

(1) 初始化分布参数。

(2) 重复计算流程直到收敛。

(3) E 步：根据参数的假设值，给出未知变量的期望估计，应用于缺失值。

(4) M 步：根据未知变量的估计值，给出当前参数的极大似然估计。

由于迭代规则容易实现并可以灵活考虑隐变量，EM 算法被广泛应用于处理数据的缺失值，以及很多机器学习算法，包括高斯混合模型(Gaussian mixture model，GMM)和隐马尔可夫模型(hidden Markov model，HMM)的参数估计。

6. *K* 近邻算法

在模式识别领域中，*K* 近邻(*K*-nearest neighbors，KNN)算法是一种用于分类和回归的非参数统计方法，是数据挖掘分类技术中最简单的方法之一。*K* 近邻就是 *K* 个最近的邻居的意思，即给定一个训练数据集，对新的输入实例，在训练数据集中找到与该实例最邻近的 *K* 个实例，这 *K* 个实例的多数属于某个类，就把该输入实例分类到这个类中。

K 近邻算法的核心思想是如果一个样本在特征空间中的 *K* 个最相邻的样本中的大多数属于某一个类别，则该样本也属于这个类别，并具有这个类别上样本的特性。该算法在确定分类决策上只依据最邻近的一个或者几个样本的类别来决定待分样本所属的类别。*K* 近邻算法在类别决策时，只与极少量的相邻样本有关。由于 *K* 近邻算法主要靠周围有限的邻近样本，而不是靠判别类域的方法来确定所属类别，因此对于类域的交叉或重叠较多的待分样本集来说，*K* 近邻算法较其他方法更为适合。图 2.5 展示了 *K* 近邻算法的决策过程。测试样本(菱形)应归入第一类的方形或是第二类的三角形。如果 $K=3$(实线圆圈)，它被分配给第二类，因为有 2 个三角形和 1 个正方形在内侧圆圈之内。如果 $K=5$(虚线圆圈)，它被分配给第一类(3 个正方形与 2 个三角形在外侧圆圈之内)。

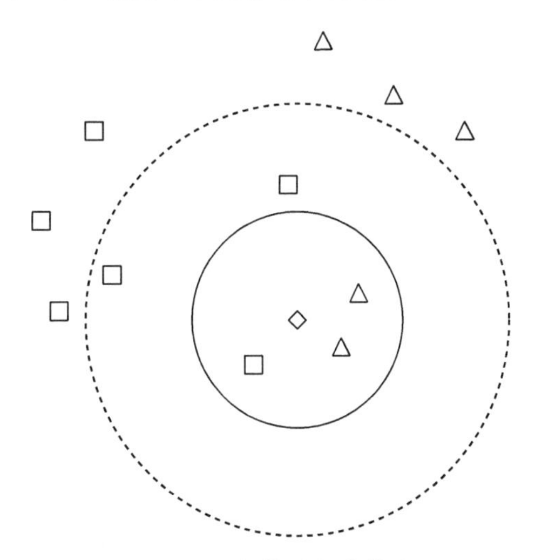

图 2.5　*K* 近邻算法的决策过程

K 近邻算法的优点是简单，易于理解，易于实现，无须估计参数，无须训练；适合对稀有事件进行分类；特别适合于多分类问题(对象具有多个类别标签)，*K* 近邻算法比 SVM 算法的表现要好。其缺点是在样本不平衡时处理效果不好；计算量较大；可理解性差，无法给出像决策树那样的规则。

机器学习的研究主旨是使用计算机模拟人类的学习活动，它是研究计算机识别现有知识、获取新知识、不断改善性能及实现自身完善的方法。机器学习是人工智能的基础，也是实现人与机器协同发展的基础。下面着重介绍更热门的深度学习。

2.3.2 深度学习

深度学习(deep learning)的概念最早由多伦多大学的 Hinton 等[2]于 2006 年提出，指基于样本数据通过一定的训练方法得到包含多个层级的深度网络结构的机器学习过程。传统的神经网络随机初始化网络中的权值，导致网络很容易收敛到局部最小值。为解决这一问题，Hinton 等提出使用无监督预训练方法优化网络权值的初值，再进行权值微调的方法，拉开了深度学习的序幕。

深度学习其实是机器学习的一部分，机器学习经历了从浅层机器学习到深度学习两次浪潮，深度学习模型与浅层机器学习模型之间存在重要区别，浅层机器学习模型不使用分布式表示，而且需要人为提取特征，模型本身只是根据特征进行分类或预测，人为提取的特征好坏很大程度上决定了整个系统的好坏。特征提取需要专业的领域知识，而且特征提取、特征工程需要花费大量时间。深度学习是一种表示学习，能够学到数据更高层次的抽象表示，能够自动从数据中提取特征。深度学习里的隐藏层相当于是输入特征的线性组合，隐藏层与输入层之间的权重相当于输入特征在线性组合中的权重。另外，深度学习的模型能力会随着深度的增加而呈指数增长。深度神经网络是建立深层结构模型的学习方法，其实质是给出了一种将特征表示和学习合二为一的方式。深度学习所得到的深度网络结构包含大量的单一元素(神经元)，每个神经元与大量其他神经元相连接，神经元间的连接强度(权值)在学习过程中修改并决定网络的功能。通过深度学习得到的深度网络结构符合神经网络的特征，因此深度网络就是深层次的神经网络，即深度神经网络(deep neural network，DNN)。深度神经网络按结构可以分为前馈深度网络(feed-forward deep network，FFDN)、反馈深度网络(feed-back deep network，FBDN)和双向深度网络(bi-directional deep network，BDDN)，如图 2.6 所示。其中，前馈深度网络由多个编码器层叠加而成，如多层感知机(multi-layer perceptron，MLP)、卷积神经网络等；反馈深度网络由多个解码器层叠加而成，如反卷积网络(deconvolutional network，DN)、层次稀疏编码(hierarchical sparse coding，HSC)网络等；双向深度网络通过叠加多个编码器层和解码器层构成(每层可能是单独的编码过程或解码过程，也可能既包含编码过程也包含解码过程)，如深度玻尔兹曼机(deep Boltzmann machine，DBM)、深度信念网络(deep belief network，DBN)、栈式自编码器(stacked auto-encoder，SAE)等。在这些基本网络结构中，最为典型的网络结构是多层感知机、卷积神经网络和循环神经网络。

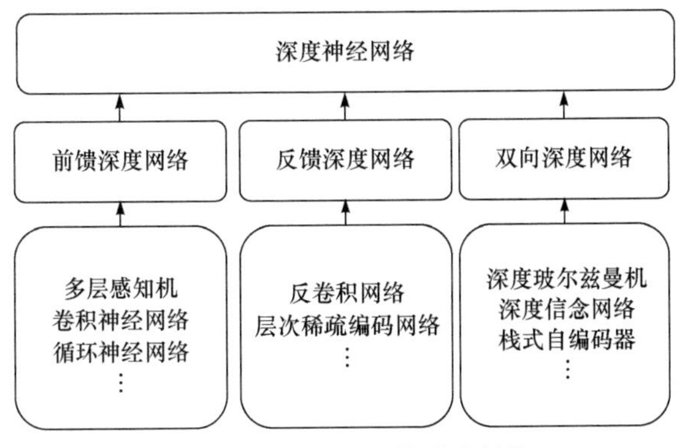

图 2.6　深度神经网络分类结构

(1) 多层感知机也叫前向传播网络、深度前馈网络，是一种前馈人工神经网络模型，其将输入的多个数据集映射到单一输出的数据集上。多层感知机由若干层组成，每一层包含若干个神经元。多层感知机的前向传播如图 2.7 所示。

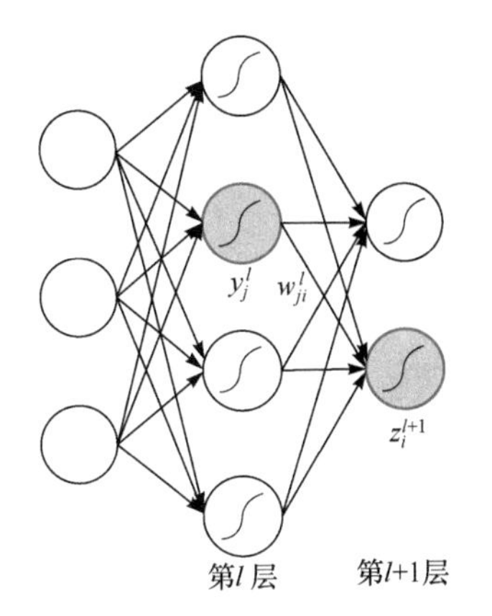

图 2.7　多层感知机的前向传播

(2) 卷积神经网络适合处理空间数据，在计算机视觉领域应用广泛。卷积神经网络的设计思想受到了视觉神经科学的启发，主要由卷积层(convolutional layer)和池化层(pooling layer)组成。卷积层能够保持图像的空间连续性，能将图像的局部特征提取出来。池化层可以采用最大池化(max pooling)或平均池化(mean pooling)，能降低中间隐藏层的维度，减少接下来各层的运算量，并提供旋转不变性。最早期的卷积神经网络模型是 LeCun 等[3]在 1998 年提出的 LeNet-5，其结构如图 2.8 所示。输入大小为 32×32 的 MNIST 图像经过卷积核大小为 5×5 的卷积操作，得到 28×28 的图像，经过池化操作，得到 14×14 的图像，然后再经过卷积、池化，最后得到 5×5 的图像。接着依次有 120、84、10 个神经元的全连接层，最后经过归一化指数函数(softmax)作用，得到数字 0～9 的概率，取概率最大的作为神经网络的预测结果。随着卷积和池化操作，网络层越高，图像越小，但图像数量越多。

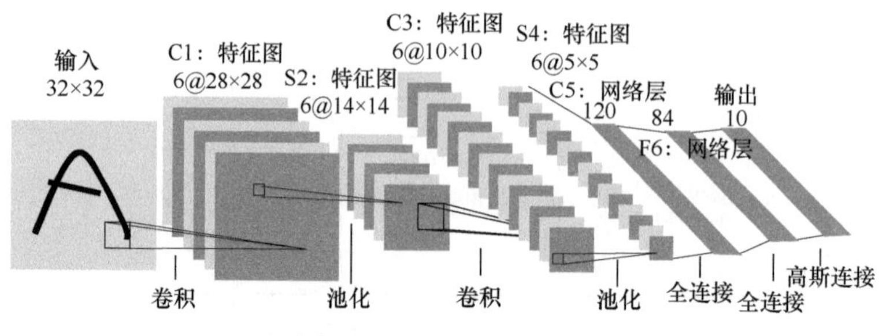

图 2.8　LeNet-5 结构图[3]

(3) 循环神经网络适合处理时序数据，在语音处理、自然语言处理领域应用广泛。循环神经网络及其展开图如图 2.9 所示。循环神经网络将上一时刻隐藏层的输出也作为这一时刻隐藏层的输入，能够利用过去时刻的信息，即循环神经网络具有记忆，循环神经网络在各个时间上共享权重，大幅减少了模型参数。但循环神经网络训练难度依然较大，因此 Sutskever[4]和 Pascanu 等[5]都对循环神经网络的训练方法进行了改进。

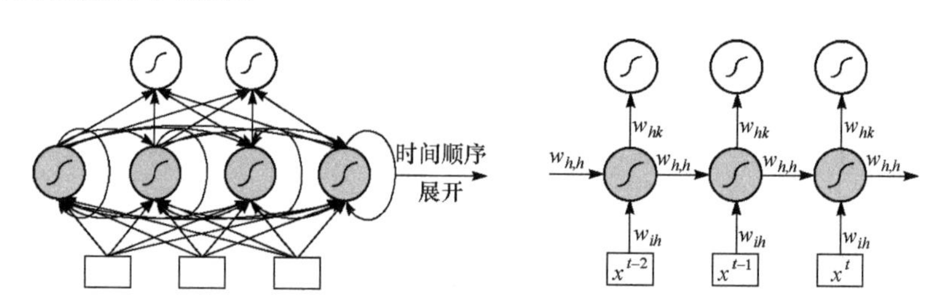

图 2.9　循环神经网络及其展开图

在网络结构确定之后，需要进行网络权重及参数的优化。深度学习常用的优化算法如下所示。

1. 随机梯度下降算法

随机梯度下降(stochastic gradient descent，SGD)算法及其变种算法是一般机器学习中应用最多的优化算法，尤其是在深度学习中。按照数据生成分布 P_{data} 随机抽取 m 个小批量(独立同分布，iid)的样本，通过计算它们梯度的均值，得到梯度的无偏估计。算法 2.1 是随机梯度下降算法的过程。

算法 2.1　随机梯度下降算法在第 k 个训练迭代的更新

Require：学习率 ϵ_k；初始参数 θ

While 停止准则未满足 **do**

从训练集中采集包含 m 个样本 $\left\{x^{(1)},\cdots,x^{(m)}\right\}$ 的小批量，其中 $x^{(i)}$ 对应目标为 $y^{(i)}$

计算梯度估计：$\hat{g} \leftarrow \hat{g} + \frac{1}{m}\nabla_{\theta}\sum_{i}L(f(x^{(i)};\theta),y^{(i)})$

应用更新：$\theta \leftarrow \theta - \epsilon\hat{g}$

End while

随机梯度下降算法每次只随机选择一个样本来更新模型参数，因此每次的学习是非常快速的，并且可以进行在线更新。随机梯度下降算法最大的缺点在于每次更新可能并不会按照正确的方向进行，因此可以带来优化波动，不过从另一个方面来看，随机梯度下降算法所带来的波动有个好处就是，对于类似盆地区域(即很多局部极小值点)，这个波动的特点可能会使得优化的方向从当前的局部极小值点跳到另一个更好的局部极小值点，这样便可能对于非凸函数，最终收敛于一个较好的局部极值点，甚至全局极值点。由于波动，迭代次数(学习次数)会增多，即收敛速度变慢。不过最终其会和批量梯度下降算法一样，具有相同的收敛性，即凸函数收敛于全局极值点，非凸函数收敛于局部极值点。

2. 反向传播算法

反向传播(back-propagation，BP)算法是一种与最优化方法(如梯度下降算法)结合使用的，用来训练人工神经网络的常见方法。该算法对网络中所有权重计算损失函数的梯度。这个梯度会反馈给最优化方法，用来更新权重以最小化损失函数。反向传播神经网络的输入输出关系实质上是一种映射关系：一维输入 m 维输出的反向传播神经网络所完成的功能是从一维欧氏空间向 m 维欧氏空间中一有限域的连续映射，这一映射具有高度非线性。它的信息处理能力来源于简单非线性函数的多次复合，因此具有很强的函数复现能力。这是反向传播算法得以应用的基础。

反向传播算法主要由两个环节(激励传播、权重更新)反复循环迭代，直到网络对输入的响应达到预定的目标范围为止。两个环节的具体实现细节如下所示。

激励传播过程：

(1) 在前向传播阶段，将训练输入送入网络以获得激励响应；

(2) 在反向传播阶段，将激励响应同训练输入对应的目标输出求差，从而获得隐藏层和输出层的响应误差。

权重更新过程：

(1) 将输入激励和响应误差相乘，从而获得权重的梯度。

(2) 将这个梯度乘上一个比例并取反后加到权重上。

(3) 这个比例将会影响训练过程的速度和效果，因此称为“学习率”或“步长”。梯度的方向指明了误差扩大的方向，因此在更新权重时需要对其取反，从而减小权重引起的误差。

反向传播算法的学习过程由正向传播过程和反向传播过程组成。在正向传播过程中，输入信息通过输入层经隐藏层，逐层处理并传向输出层。如果在输出层得不到期望的输出值，则取输出与期望的误差的平方和作为目标函数，转入反向传播，逐层求出目标函数对各神经元权重的偏导数，构成目标函数对权重向量的梯量，作为修改权值的依据，网络的学习在权重修改过程中完成。误差达到所期望值时，网络学习结束。

3. 自适应学习率优化算法

学习率对神经网络的性能有着显著的影响，损失通常高度敏感于参数空间的某些方向，而对其他因素不敏感。动量算法可以在一定程度上缓解这个问题，但代价是引入了另一个超参数。如果我们相信方向敏感度在某种程度是轴对齐的，那么给每个参数设置不同的学习率，在模型学习训练过程中自动适应这些学习率是有道理的。早期的一个模型训练时的启发式算法基于简单的想法：如果损失对于某个给定模型参数的偏导符号保持不变，那么学习率应该增大，如果对于该参数的偏导方向发生了变化，那么学习率应该减小。这种方法只适用于全批量优化中。以下介绍的是几种基于小批量的自适应模型参数学习率的算法。

(1) 自适应梯度定向(AdaGrad)算法：能独立地适应所有模型参数的学习率，缩放每个参数反比于其所有梯度历史平方值总和与平方根。总体效果是在参数空间中更为平缓的倾斜方向取得更大的进步。对于训练深度神经网络而言，从训练开始积累梯度平方会导致有效学习率过早和过量减小。AdaGrad 算法流程如算法 2.2 所示。

算法 2.2　AdaGrad 算法

Require：全局学习率 ϵ ；初始参数 θ ；用于数值稳定的小常数 δ ，通常设为 10^{-7}

初始化梯度累积变量 $r=0$

While 没有达到停止准则 **do**

从训练集中采集包含 m 个样本 $\left\{x^{(1)},\cdots,x^{(m)}\right\}$ 的小批量，其中 $x^{(i)}$ 对应目标为 $y^{(i)}$

计算梯度： $g \leftarrow g+\frac{1}{m}\nabla_{\theta}\sum_{i}L(f(x^{(i)};\theta),y^{(i)})$

累积平方梯度：$r \leftarrow r + g^{\mathrm{T}} g$

计算更新：$\Delta\theta \leftarrow -\dfrac{\epsilon}{\delta + \sqrt{r}} \odot g$ (逐元素地应用除和求平方根，$\odot$ 表示点乘)

应用更新：$\theta \leftarrow \theta + \Delta\theta$

End while

(2) 均方根传递(RMSProp)算法：RMSProp 算法由 Hinton 于 2012 年提出，用于修改 AdaGrad 算法以在非凸设定下效果更好，将梯度积累改变为指数加权的移动平均。AdaGrad 算法让凸问题能够快速收敛。当将 AdaGrad 算法应用于非凸函数训练神经网络时，学习轨迹可能穿过了很多不同的结构，最终到达一个局部是凸包的结构。AdaGrad 算法根据整个学习轨迹上的历史平方梯度累积来收缩学习率，学习率很可能在到达这样的凸包结构之前就变得很小。而 RMSProp 算法使用指数衰减平均，减少遥远历史学习轨迹的影响，使其能够在找到凸包结构后快速收敛，该算法等效于一个初始化与该结构的 AdaGrad 算法。在实践中并根据已有经验，RMSProp 算法已经被证明是一种有效而且实用的深度神经网络优化算法，是目前深度学习从业者经常采用的优化方法之一。RMSProp 算法的标准形式如算法 2.3 所示。相比 AdaGrad 算法，RMSProp 算法引入了一个新的超参数 ρ，用来控制移动平均的长度范围。

算法 2.3　RMSProp 算法

Require：全局学习率 ϵ，衰减速率 ρ；初始参数 θ；用于数值稳定的小常数 δ，通常设为 10^{-6}

初始化梯度累积变量 $r = 0$

While 没有达到停止准则 **do**

从训练集中采集包含 m 个样本 $\left\{x^{(1)},\cdots,x^{(m)}\right\}$ 的小批量，其中 $x^{(i)}$ 对应目标为 $y^{(i)}$

计算梯度：$g \leftarrow \dfrac{1}{m} \nabla_\theta \sum_i L(f(x^{(i)};\theta), y^{(i)})$

累积平方梯度：$r \leftarrow \rho r + (1-\rho) g^{\mathrm{T}} g$

计算参数更新：$\Delta\theta \leftarrow -\dfrac{\epsilon}{\delta + \sqrt{r}} \odot g$ ($\dfrac{1}{\delta + \sqrt{r}}$ 逐元素应用)

应用更新：$\theta \leftarrow \theta + \Delta\theta$

End while

RMSProp 算法结合 Nesterov 牛顿动量法的形式如算法 2.4 所示。

算法 2.4　结合 Nesterov 牛顿动量法的 RMSProp 算法

Require： 全局学习率ϵ，衰减速率ρ，动量系数α；初始参数θ，初始参数v

初始化梯度累积变量$r=0$

While 没有达到停止准则 **do**

从训练集中采集包含m个样本$\left\{x^{(1)},\cdots,x^{(m)}\right\}$的小批量，其中$x^{(i)}$对应目标为$y^{(i)}$

计算临时更新：$\tilde{\theta}\leftarrow\theta+\alpha v$

计算梯度：$g\leftarrow\frac{1}{m}\nabla_{\tilde{\theta}}\sum_{i}L(f(x^{(i)};\tilde{\theta}),y^{(i)})$

累积平方梯度：$r\leftarrow\rho r+(1-\rho)g^{\mathrm{T}}g$

计算速度更新：$v\leftarrow\alpha v-\frac{\epsilon}{\sqrt{r}}\odot g$　($\frac{1}{\sqrt{r}}$ 逐元素应用)

应用更新：$\theta\leftarrow\theta+v$

End while

(3) 自适应矩估计(Adam)算法：在早期算法的背景下，Adam 算法可以被看成结合 RMSProp 算法和具有一些重要区别的动量的变种。首先，在 Adam 算法中将动量直接并入了梯度一阶矩(指数加权)的估计。将动量加入 RMSProp 算法最直观的方法是将动量应用于缩放后的梯度。其次，Adam 算法包括偏置修正，修正从原点初始化的一阶矩(动量项)和二阶矩(非中心项)。Adam 算法通常被认为对超参数的选择相当鲁棒，尽管学习率有时需要从建议的默认值修改。Adam 算法流程如算法 2.5 所示。

算法 2.5　Adam 算法

Require： 全局学习率ϵ(建议默认为 0.001)；矩估计的指数衰减速率ρ_1和ρ_2，在区间$[0,1)$内，建议分别默认为 0.9 和 0.999；用于数值稳定的小常数δ(建议默认为10^{-8})；初始参数θ

初始化一阶矩和二阶矩变量$s=0,r=0$

初始化时间步$t=0$

While 没有达到停止准则 **do**

从训练集中采集包含m个样本$\left\{x^{(1)},\cdots,x^{(m)}\right\}$的小批量，其中$x^{(i)}$对应目标为$y^{(i)}$

计算梯度：$g\leftarrow\frac{1}{m}\nabla_{\theta}\sum_{i}L(f(x^{(i)};\theta),y^{(i)})$

$t \leftarrow t+1$

更新有偏一阶矩估计：$s \leftarrow \rho_1 s + (1-\rho_1)g$

更新有偏二阶矩估计：$r \leftarrow \rho_2 r + (1-\rho_2)g^{\mathrm{T}} g$

修正一阶矩的偏差：$\hat{s} \leftarrow \dfrac{s}{1-\rho_1^t}$

修正二阶矩的偏差：$\hat{r} \leftarrow \dfrac{r}{1-\rho_2^t}$

计算更新：$\Delta\theta = -\epsilon \dfrac{\hat{s}}{\sqrt{\hat{r}}+\delta}$ (逐元素应用操作)

应用更新：$\theta \leftarrow \theta + \Delta\theta$

End while

实践中选择哪一种算法主要取决于使用者对特定算法的熟悉程度以便调节超参数，具体该如何选择并没有明确定论。

4. 随机丢弃算法

在机器学习的模型中，如果模型的参数太多，而训练样本又太少，训练出来的模型很容易产生过拟合的现象。在训练神经网络时经常会遇到过拟合的问题，过拟合具体表现在：模型在训练数据上损失函数较小，预测准确率较高；但是在测试数据上损失函数比较大，预测准确率较低。

2012 年，Hinton 等[6]提出随机丢弃算法。当一个复杂的前馈神经网络被训练在小的数据集时，容易造成过拟合。为了防止过拟合，可以通过阻止特征检测器的共同作用来提高神经网络的性能。同年，Krizhevsky、Sutskever 和 Hinton 在其论文“Imagenet classification with deep convolutional neural networks”中用到了随机丢弃算法，用于防止过拟合。并且，这篇论文提到的 AlexNet 网络模型引爆了神经网络的应用热潮，并赢得了 2012 年图像识别大赛冠军，使得卷积神经网络成为图像分类上的核心算法模型。简单来说，随机丢弃算法就是在前向传播的时候，让某个神经元的激活值以一定的概率 P 停止工作，这样可以使模型泛化性更强，因为它不会太依赖某些局部的特征，如图 2.10 所示。

随机丢弃算法可以作为训练深度神经网络的一种微调手段供选择。在每个训练批次中，通过忽略一半的特征检测器(让一半的隐藏层节点值为 0)，可以明显地减少过拟合现象。这种方式可以减少特征检测器(隐藏层节点)间的相互作用，检测器相互作用是指某些检测器依赖其他检测器才能发挥作用。当前随机丢弃算法被大量用于全连接网络，而且一般丢弃概率设置为 0.5 或者 0.3，而在卷积网络隐

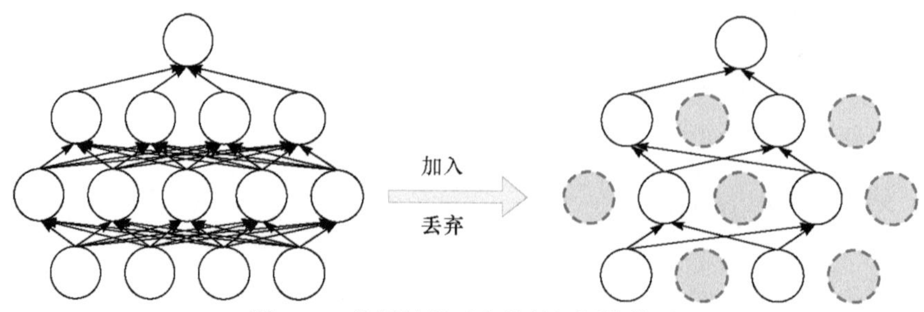

图 2.10　使用随机丢弃的神经网络模型

藏层中由于卷积自身的稀疏化以及稀疏化的 ReLu 函数的大量使用等，随机丢弃算法在卷积网络隐藏层中使用较少。总体而言，随机丢弃算法是一个超参数，需要根据具体的网络和应用领域进行尝试。

5. 批量标准化

批量标准化(batch normalization，BN)是由谷歌的 Ioffe 等[7]于 2015 年提出，这是一个深度神经网络训练的技巧，它不仅可以加快模型的收敛速度，更重要的是在一定程度上缓解了深层网络中的“梯度弥散”问题，从而使得训练深层网络模型更加容易和稳定。目前批量标准化已经成为几乎所有卷积神经网络的标配技巧。在批量标准化出现之前，归一化操作一般都在数据输入层，对输入的数据进行求均值以及求方差做归一化，但是批量标准化的做法是可以在网络中任意一层进行归一化处理。算法主要分为以下四个步骤。

(1) 计算批处理数据均值。

(2) 求每一个训练批次数据的方差。

(3) 使用求得的均值和方差对该批次的训练数据做归一化，获得 0-1 分布。

(4) 尺度变换和偏移：将 x_i 乘以 γ 调整数值大小，再加上 β 加偏移后得到 y_i，其中 γ 是尺度因子，β 是平移因子。这一步是批量标准化的精髓，因为归一化后 x_i 会被限制在正态分布下，使得网络的表达能力下降。为解决该问题，批量标准化引入两个新的参数，即 γ 、β，它们都是在网络训练过程中自己学习到的。

批量标准化的本质就是通过优化改变方差大小和均值位置，使得新的分布更切合数据的真实分布，保证模型的非线性表达能力。批量标准化在深层神经网络的作用非常明显：若神经网络训练时遇到收敛速度较慢，或者“梯度爆炸”等无法训练的情况发生时都可以尝试用批量标准化来解决。同时，常规使用情况下同样可以加入批量标准化加速模型训练，甚至提升模型精度。

近年来，中美等国家的高科技公司纷纷加大对人工智能的投入，深度学习是目前人工智能的重点研究领域之一。2011 年，谷歌和微软研究院的语音识别方向研究专家先后采用深度神经网络技术将语音识别的错误率降低了 20%～30%，这是长期以来语音识别研究领域取得的重大突破。2012 年，深度神经网络在图像识别应用方面也获得重大进展,在 ImageNet 评测问题中将原来的错误率降低了 9%。同年，制药公司将深度神经网络应用于药物活性预测问题，取得世界范围内最好的结果。2012 年 6 月，吴恩达带领的科学家们在谷歌神秘的 X 实验室创建了一个有 16000 个处理器的大规模神经网络，包含数十亿个网络节点，让该神经网络处理大量随机选择的视频片段。经过充分的训练以后，机器系统开始学会自动识别猫的图像。这是深度学习领域最著名的案例之一，引起各界极大的关注。除此之外，深度学习在搜索技术、数据挖掘、机器学习、机器翻译、自然语言处理、人机交互、多媒体学习、语音、推荐和个性化技术，以及其他相关领域都取得了很多成果。

深度学习使机器模仿视听和思考等人类的活动，解决了很多复杂的模式识别难题，其学习的高效性使得人工智能相关技术取得了很大进步。在人机协同过程中，深度学习有助于提升机器感知识别、知识计算、认知推理的能力，全面提升人机协同工作的高效性。

2.3.3　强化学习

强化学习是智能系统从环境到行为映射的学习，其目标是学习从环境状态到行为的映射，从而使得智能体选择的行为能够获得环境最大的奖励，并实现整体奖励最大化目标的响应。与常见的监督学习和无监督学习不同，强化学习没有标签和专家信息，数据来源是智能体与环境的交互。此外，强化学习的数据是序列化的，其数据之间有关联而非独立同分布，智能体执行当前的动作会对后续的数据有所影响。因此，强化学习可以看成是除了监督学习、无监督学习外的第三种机器学习范式。图 2.11 展示了三者之间的关系。

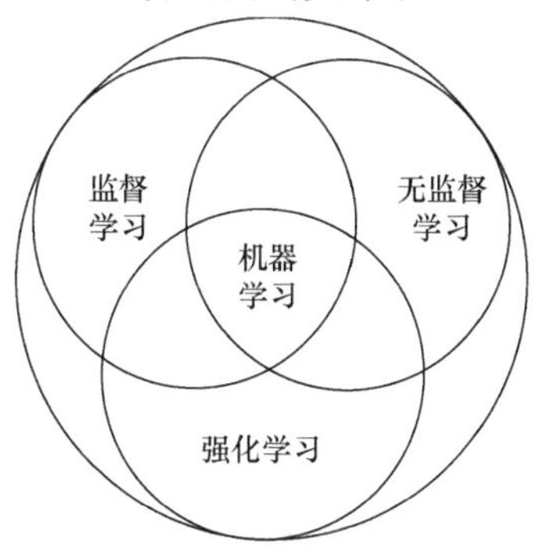

图 2.11　强化学习关系图

强化学习有以下几个基础概念。

(1) 策略(policy)：定义了智能体在给定时间的行为方式。策略是一种映射，从环境的感知状态映射到在这些状态下要采取的行动。在某些情况下，策略可能是一个简单的函数或查找表，而在其他情况下，它可能涉及大量的计算，如搜索过程。策略从某种意义上来说是强化学习问题的核心，因为有了策略就足够决定智能体的行为。此外，策略可以随机地指定每个动作的概率。

(2) 奖励信号(reward)：定义了强化学习问题的目标。在每个时间步(time step)上，环境向强化学习智能体发送一个数字，称为奖励。智能体的唯一目标是在长期内获得最大的累积回报，它们是智能体所面临问题的直接和定义特征。奖励信号是改变策略的主要依据，如果策略所选择的操作之后的奖励很低，那么策略可能会在以后的情况下被更改为选择其他操作。一般来说，奖励信号可以是环境状态和所采取行动的随机函数。

(3) 价值函数(value function)：是指从长远角度来看，智能体的哪些状态或什么状态下采取的什么行为对智能体本身的有利程度。一个状态的价值是智能体从这个状态开始，未来累积的奖励总和。奖励决定了环境状态的直接、内在的可取性，而价值则表明，在考虑到可能遵循的状态和这些状态中的奖励之后，这些状态的长期可取性。

(4) 模型(model)：用来模仿环境行为，或者说，用来对环境行为进行推断。例如，给定一个状态和动作，该模型可能预测下一个状态和下一个奖励的结果。模型被用于规划，指的是在实际经历之前通过考虑可能的未来情况来决定行动方向的任何方式。使用模型和规划来解决强化学习问题的方法称为基于模型的方法，而不是简单的无模型方法，相对地，不使用模型和规划的方法为无模型方法。

强化学习主要强调智能体(agent)与环境(environment)的交互，其目标就是从智能体与环境的交互过程中获取信息，学习出状态与动作之间的映射，指导智能体根据状态做出最佳决策，最大化获得的奖励。由于外部环境提供的信息很少，强化学习系统必须靠自身的经历进行学习。图 2.12 为智能体与环境的交互过程。

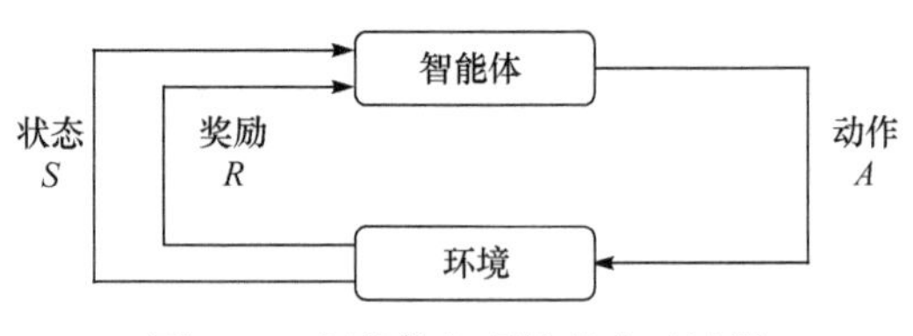

图 2.12　智能体与环境的交互过程

强化学习涉及的算法非常多，种类也非常广，如图 2.13 所示。其中模型无关(model-free)算法最为人们所熟知，而它又可以分为仅有评论家(critic)、仅有演员(actor)和演员-评论家(actor-critic)；模型相关(model based)算法通过对环境建模来进行规划，这类算法在训练过程中具有很高的效率，但推理时需要做计划，效率较低，最近这类算法获得的关注越来越多；还有一些和不同算法结合在一起的组合强化学习方法，如前沿强化学习、元强化学习、辅助强化学习、分层强化学习、逆强化学习等。

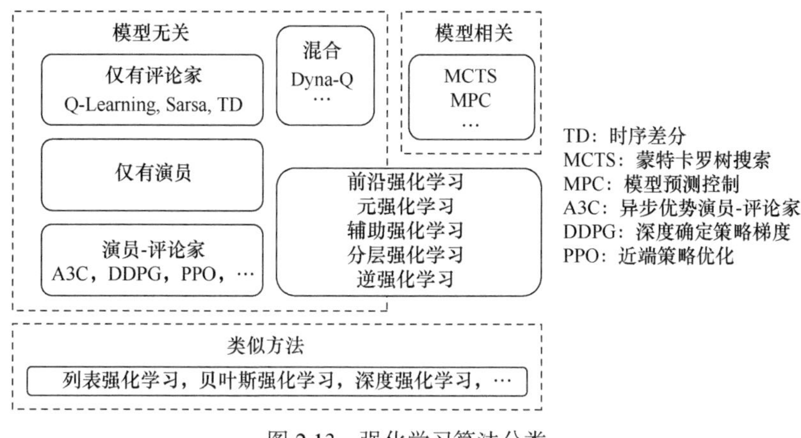

图 2.13　强化学习算法分类

下面对几种常用算法进行简单的介绍。

1. Q-Learning 算法

Q-Learning(Q 学习)算法的核心是一直不断更新 Q-Table 里的值，然后根据新的值来判断要在某个状态采取怎样的动作。Q-Table 的行和列分别表示状态和动作的值，Q-Table 的值 $Q(s,a)$ 用来衡量当前状态 s 采取的动作 a 到底有多好。

在训练的过程中，Q-Learning 算法使用 Bellman 公式 $Q(s,a)=r+\gamma(\max(Q(s',a'))$ 来更新 Q-Table。Bellman 公式解释为：当前状态 s 采取动作 a 后的即时 r，加上折扣因子 γ 后的最大奖励。

2. Sarsa 算法

Sarsa 算法与 Q-Learning 算法非常相似，也是基于 Q-Table 进行决策的，不同点在于决定下一状态所执行动作的策略。Q-Learning 算法在当前状态更新 Q-Table 时会用到下一状态使 Q 值最大的那个动作，但是在下一状态未必就会选择那个动作；但是 Sarsa 算法会在当前状态先决定下一状态要执行的动作，并且用下一状态要执行的动作的 Q 值来更新当前状态的 Q 值。

3. DQN 算法

Q-Learning 和 Sarsa 两种算法都依赖于 Q-Table，但是其中存在的一个问题就是当 Q-Table 中的状态比较多时，可能会导致整个 Q-Table 无法装下内存。因此，DQN(deep Q network，深度 Q 网络)算法其实就是通过深度学习和神经网络来拟合整个 Q-Table。DQN 算法能够解决状态无限、动作有限的问题；具体来说就是将当前状态作为输入，输出各个动作的 Q 值。所以在 DQN 算法中，核心问题在于如何训练整个神经网络，其实训练算法与 Q-Learning 算法非常相似，需要利用 Q 估计和 Q 现实的差值，然后进行反向传播。

4. 策略梯度

基于 Value 值的方法，也就是通过计算每一个状态动作的价值，然后选择价值最大的动作执行，这是一种间接做法。策略梯度采用直接的方式，通过更新策略网络来直接更新策略。策略网络实际上就是一个神经网络，输入是状态，输出直接就是动作(不是 Q 值)，且一般输出有两种方式：一种是概率方式，即输出某一个动作的概率；另一种是确定性方式，即输出具体的某一个动作。策略梯度的核心思想是通过策略网络输出的归一化概率和获取的回报(通过评估指标获取)构造目标函数，然后对策略网络进行更新，从而避免了原来的回报和策略网络之间是不可微的问题。也因为策略梯度的这个特点，目前的很多传统监督学习输出都是归一化的离散形式，都可以改造成策略梯度的方法来实现，调节的效果会在监督学习的基础上进一步提升。

5. 演员-评论家算法

原始的策略梯度往往采用的是回合更新，也就是要到一轮结束后才能进行更新。演员-评论家算法抛弃回合更新的做法，而采用单步更新。要采用单步更新，意味着我们需要为每一步都即时做出评估。演员-评论家算法中的评论家负责的就是评估这部分工作，而演员负责选择要执行的动作。这就是演员-评论家算法的思想。从前文提出的各种评价指标可知，评论家的输出有多种形式，可以采用 Q 值、Value 值或时序差分形式等。

因此演员-评论家算法就是从评论家评判模块(采用深度神经网络居多)得到对动作的好坏评价，然后反馈给演员(采用深度神经网络居多)，让演员更新自己的策略。从具体的训练细节来说，演员和评论家分别采用不同的目标函数进行更新。

随着 AlphaGo 的成功，强化学习已成为当下机器学习中最热门的研究领域之一，逐渐在游戏、机器人控制、计算机视觉、自然语言处理和推荐系统等领域得到了广泛的研究与应用。此外，强化学习在机器人控制、无人驾驶、下棋、工业控制等领域都获得了成功的应用，被认为是设计智能系统的核心技术之一。随着强化学习算法和理论的深入，特别是强化学习的数学基础研究取得突破性进展之后，应用强化学习方法实现移动机器人行为对环境的自适应和控制器的优化将成为机器人学领域研究和应用的热点之一。未来，强化学习必将是推动机器自然地与人交流，实现高效融合的关键。

2.3.4　知识图谱

知识图谱本质上是结构化的语义知识库，是一种由节点和边组成的图数据结构，用于以符号形式描述物理世界中的概念及其相互关系的知识库。知识图谱技术是指知识图谱建立和应用的技术，是融合认知计算、知识表示与推理、信息检索与抽取、自然语言处理与语义网络、数据挖掘与机器学习等方向的交叉研究。自 2012 年谷歌提出知识图谱的概念后，知识图谱得到了学术界和工业界的广泛关注与研究，现已发展成为语义搜索、智能问答、决策支持等智能服务的基础技术之一。

知识图谱由数据层(data layer)和模式层(schema layer) 两部分构成。在数据层，事实以“实体-关系-实体”或“实体-属性-属性值”的三元组存储，形成一个图状知识库。模式层是知识图谱的概念模型和逻辑基础，对数据层进行规范约束。知识图谱的构建过程是从原始数据出发，采用一系列自动或半自动的技术手段，从原始数据中提取出知识要素(即事实)，并将其存入知识库的数据层和模式层的过程。图 2.14 给出了知识图谱技术的整体架构，其中，虚线框内的部分为知识图谱的构建过程，同时也是知识图谱的更新过程。

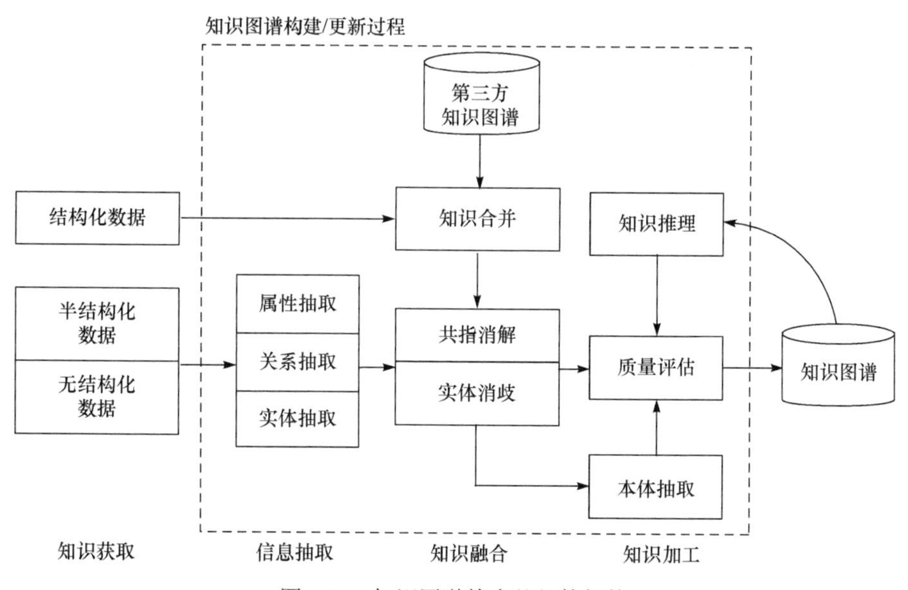

图 2.14　知识图谱技术的整体架构

知识图谱的构建过程是一个迭代更新的过程，根据知识获取的逻辑，每一轮迭代包含三个阶段。

1. 信息抽取

信息抽取(information extraction)的关键问题是如何从异构数据源中自动抽取信息得到候选知识单元。信息抽取是一种自动化地从半结构化和无结构化数据中抽取实体、关系以及实体属性等结构化信息的技术，涉及的关键技术如下所示。

(1) 实体抽取：实体抽取是抽取文本中的原子信息元素。单纯的实体抽取可作为一个序列标注问题，因此可以使用机器学习中的 HMM、条件随机场(conditional random field，CRF)、神经网络等方法解决。

(2) 关系抽取：文本语料经过实体抽取，得到的是一系列离散的命名实体，为了得到语义信息，还需要从相关语料中提取出实体之间的关联关系，通过关系将实体联系起来，才能构成网状的知识结构。关系抽取任务的主要方法有三类，分别是基于模式的方法(基于触发词/字符串、基于依存句法)、监督学习方法(机器学习方法、深度学习方法)和半监督/无监督学习方法(自助法(bootstrapping)法、远程监督(distant supervision)法、开放域无监督(unsupervised learning from the web)法)。

(3) 属性抽取：属性抽取是指从不同信息源中采集特定实体的属性信息，属性抽取作为信息抽取的一部分，其目标主要是从不同信息源中采集特定实体的属性信息。从非结构化的数据中抽取实体属性的一种方法是基于百科类网站的半结构化数据，通过自动抽取生成训练语料，用于训练实体属性标注模型，然后利用模型实现对非结构化数据实体属性的抽取；另一种方法是采用数据挖掘的方法直接从文本中挖掘实体属性与属性值之间的关系模式。根据学习的方式不同，可以将属性抽取方法分为监督学习方法和半监督/无监督学习方法。

近年来，随着词嵌入(word embedding)的提出，深度学习方法在信息抽取中的研究越来越广泛。最经典的长短词记忆模型+条件随机场(LSTM+CRF)[8]是一个端到端的判别式模型，长短词记忆模型利用过去的输入特征，条件随机场利用句子级的标注信息，从而有效地使用过去和未来的标注预测当前的标注。

此外，随着注意力(attention)机制在自然语言处理领域各种任务中的成功应用，也有学者在 BiLSTM(双向 LSTM)模型的基础上加入注意力机制[8]，结果表明在效果上有一定的提升。

基于深度学习的信息抽取方法不依赖特征工程，是一种数据驱动方法。但缺点是网络模型种类繁多、对参数设置依赖大，且模型可解释性差。此外，这种方法对每个值进行标记的过程是独立进行的，不能利用上文已经预测的标签，只能靠隐藏状态传递上文信息。

2. 知识融合

通过信息抽取，实现了从非结构化和半结构化数据中获取实体、关系以及实体属性信息的目标，然而，这些结果中可能包含大量的冗余和错误信息，数据之间的关系也是扁平化的，缺乏层次性和逻辑性，因此有必要对其进行清理和整合。知识融合(knowledge fusion)包括以下两部分内容。

(1) 实体链接(entity linking)：是指对于从文本中抽取得到的实体对象，将其链接到知识库中对应的正确实体对象的操作。实体链接在实施过程中主要涉及实体消歧与共指消解两种技术。前者是专门用于解决同名实体产生歧义问题的技术，主要采用聚类法，也可看成是基于上下文的分类问题；后者主要用于解决多个指称对应同一实体对象的问题。共指消解还有一些其他的称呼，如对象对齐、实体匹配和实体同义等。

(2) 知识合并：实体链接的是从半结构化数据和非结构化数据那里通过信息抽取提取出来的数据，知识合并是对结构化数据的处理。在知识图谱构建过程中，一个重要的高质量知识来源是企业或者机构自己的关系数据库。为了将这些结构化的历史数据融入知识图谱中，可以采用资源描述框架(resource description framework，RDF)作为数据模型。业界和学术界将这一数据转换过程形象地称为RDB2RDF，其实质就是将关系数据库的数据换成资源描述框架的三元组数据。

(3) 随着多语言知识库的发展，跨语言本体匹配方法的重要性已经凸显。由于语言不同，跨语言本体匹配相较一般本体匹配更为困难，特别是影响文本相似性度量的准确性。Entity-Attribute Factor Graph(EAFG)[9]是一个用于解决跨语言本体匹配问题的因子图模型，该模型同时考虑了属性对自身的特征和属性对之间的相关性。图 2.15 展示了如何将属性匹配问题转化到 EAFG 模型。

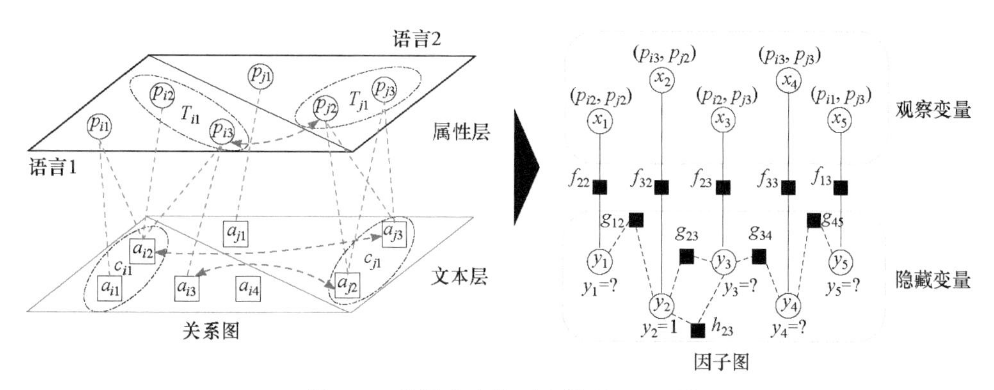

图 2.15　跨语言本体匹配模型 EAFG[9]

双语主题模型[10]也被用于解决跨语言本体匹配。在匹配的过程中，首先使用常规方法获得候选匹配对，之后使用双语主题模型从匹配对象的文本上下文中获得其主题分布，从而在相同的主题空间内表示不同语言的匹配对象。主题向量的余弦相似度被作为一种分值用于确定最终的匹配。随着表示学习技术在如图像、视频、语言、自然语言处理等领域的成功应用，一些研究人员开始着手研究面向知识图谱的表示学习技术，将实体、关系等转换成一个低维空间中的实质向量(即分布式语义表示)，并在知识图谱补全、知识库问答等应用中取得了不错的效果。近年来，强化学习取得了一系列进展，如何在语义集成中运用强化学习逐渐成为新的动向。通过知识融合，可以消除概念的歧义，剔除冗余和错误概念，从而确保知识的质量。

3. 知识加工

通过信息抽取，可以从原始语料中提取出实体、关系与属性等知识要素，再经过知识融合，可以消除实体指称项与实体对象之间的歧义，得到一系列基本的事实表达。然而，事实本身并不等于知识，要想最终获得结构化、网络化的知识体系，还需要经历知识加工的过程。知识加工(knowledge processing)主要包括以下三方面内容。

(1) 本体抽取：对概念进行建模的规范，描述客观世界的抽象模型，以形式化的方式对概念及其之间的联系给出明确定义。其最大特点在于它是共享的，本体中反映的知识是一种明确定义的共识。本体抽取主要包含实体并列关系相似度计算、实体上下位关系抽取及本体生成三个阶段。

(2) 知识推理：从知识库中已有的实体关系数据出发，进行计算机推理，建立实体间的新关联，从而拓展和丰富知识网络。知识推理是知识图谱构建的重要手段和关键环节，通过知识推理，能够从现有知识中发现新的知识。

(3) 质量评估：对知识的可信度进行量化，通过舍弃置信度较低的知识来保障知识库的质量。

知识加工首先需要考虑的是知识如何表达的问题，即知识图谱的知识表示，其次需要考虑的是逻辑推理算法以及优化方法，实现高效的逻辑推理机，最后需要考虑基于统计的知识图谱推理算法。近年来，随着深度神经网络的蓬勃发展，知识图谱表示学习技术异军突起，获得了学术界广泛关注。早期的研究通过设计简单的向量空间操作来建模实体间的关系。例如，TransE 模型[11]将关系视作头尾实体之间的位移(translation)操作，认为头实体向量经过关系的位移后应尽可能接近尾实体向量。RESCAL 模型[12]将关系表示为方阵以刻画潜在特征间的两两关联，通过头尾实体和关系的双线性匹配来判断关系成立的可能性。后期的工作一方面致力于设计更加合理的实体间关系的建模方式，如 TransE 模型的拓展[13-16]、RESCAL 模型的拓展[17-19]，以及一系列新兴的基于神经网络架构的表示学习模型[20-22]等；另一方面也尝试在实体间关系的基础上，进一步融入其他形式的信息以辅助表示学习，如实体类型[23]、关系路径[24,25]、逻辑规则[26,27]等。

目前，知识图谱已被广泛应用在问答、搜索、推荐等系统，已涉及金融、医疗、电商等商业领域，图谱技术成为“兵家必争”之地。全球的互联网公司都在积极布局知识图谱。早在 2010 年微软就开始构建知识图谱，如 Satori 和 Probase。2012 年，谷歌正式发布了 Google Knowledge Graph，现在规模已经达到 700 亿左右。目前微软和谷歌拥有全世界最大的通用知识图谱，Facebook 拥有全世界最大的社交知识图谱，而阿里巴巴和亚马逊则分别构建了商品知识图谱。其中常识知识图谱代表性的工作有 WordNet[28]、KnowItAll[29]、NELL[30]以及 Microsoft Concept Graph[31]；而百科全书知识图谱则有 Freebase、YAGO、Google Knowledge Graph 以及正在构建中的“美团大脑”。知识图谱将所有不同种类的信息连接在一起得到一个关系网络，该网络提供了从“关系”的角度去分析问题的能力，这种基于符号语义的计算模型使得知识图谱的可解释性非常强，提供了一种更好地组织、管理和理解互联网海量信息的能力，类似于人类的思考，一方面可以促成人和机器的有效沟通，另一方面可以为深度学习模型提供先验知识，将机器学习结果转化为可复用的符号知识累积起来。知识图谱将与大数据和深度学习一起成为互联网和人工智能发展的核心驱动力之一，也成为推动人机协同发展的关键力量。知识图谱是人机协同的后台支撑，是实现人机协同智能单元决策的智能进化的关键。

2.3.5　计算机视觉

计算机视觉(computer vision，CV)是一门研究如何利用计算机模拟人类视觉的科学，其主要任务是通过对采集到的图像或视频进行分析和理解，从而做出判断或决策。计算机视觉可以看成是研究如何使人工系统从图像或多维数据中“感知”的科学，其本质是在人工系统中实现人类的感知与观察。人类了解世界的信息中 70%以上来自视觉，同理计算机视觉成为机器认知世界的基础，计算机视觉的终极目标是使计算机能够像人一样“看懂世界”。

计算机视觉领域耳熟能详的四大基本任务为分类、定位、检测、分割。传统的图像处理方法虽然也能较为有效地处理这四大基本问题，但对于传统的视觉信息处理而言，一般首先要做特征提取然后利用特征进行模型学习。传统算法通常利用经验知识来手工设置视觉特征，缺少与环境的信息交互以及知识库的决策支持。随着大数据时代的到来，含更多隐藏层的深度卷积神经网络具有更复杂的网络结构，与传统机器学习方法相比具有更强大的特征学习和特征表达能力。此外，对于深度学习而言，它可以解决端到端的模式识别问题，即给定一幅图像，经过黑匣子式的学习，直接给出最终识别结果。在端到端模式识别过程中，不再区分特征提取和模式分类，而是把特征提取和分类模型学习一体化，即通过深度神经网络来非线性模拟从直接图像像素级别到语义标签，实现了从数据直接到概念要素的变革性思路。使用深度学习算法训练的卷积神经网络模型自提出以来在计算机视觉领域的多个大规模识别任务上取得了令人瞩目的成绩，不仅如此，深度学习的发展使得计算机视觉领域四大基本任务迈向了一个新阶段，深度学习的嵌入使得计算机视觉领域也衍生出了一些新的研究方向。基于深度学习的卷积神经网络模型在图像分类、目标检测、图像分割、人脸识别、图像标注、视频理解等多个计算机视觉应用领域蓬勃发展。

1. 图像分类

图像分类问题是通过对图像的分析，将图像划归为若干个类别中的某一种，主要强调对图像整体的语义进行判定。2012 年以前，每年举办的大规模视觉识别挑战赛(ImageNet Large Scale Visual Recognition Challenge，ILSVRC)图像分类比赛的获胜团队采用的都是传统的图像分类算法，如用尺度不变特征变换(scale-invariant feature transform，SIFT)、局部二值模式(local binary pattern，LBP)等算法手动提取特征。ILSVRC 2012 则是大规模图像分类领域的一个重要转折点，Krizhevsky 等提出的 AlexNet 首次将深度学习应用于大规模图像分类并取得令人瞩目的成绩，自此，基于深度学习方法的模型开始在图像识别领域被广泛运用，新的深度神经网络模型的涌现在不断刷新着比赛纪录的同时，也使得深度神经网络模型对于图像特征的学习能力不断提升。同时，ImageNet、MS COCO 等大规模数据集的出现，使得深度神经网络模型能够得到很好的训练，通过大量数据训练出来的模型具有更强的泛化能力，能够更好地适应对于实际应用所需要的数据集的学习，提升分类效果。

图 2.16 展示了简化的 AlexNet 模型结构图，AlexNet 是一个 8 层的卷积神经网络，前 5 层是卷积层，后 3 层为全连接层，其中最后一层采用 softmax 进行分类。该模型采用修正线性单元取代传统函数的归一化指数函数和双曲正切函数作为神经元的非线性激活函数，并提出了随机丢弃算法来减轻过拟合问题。

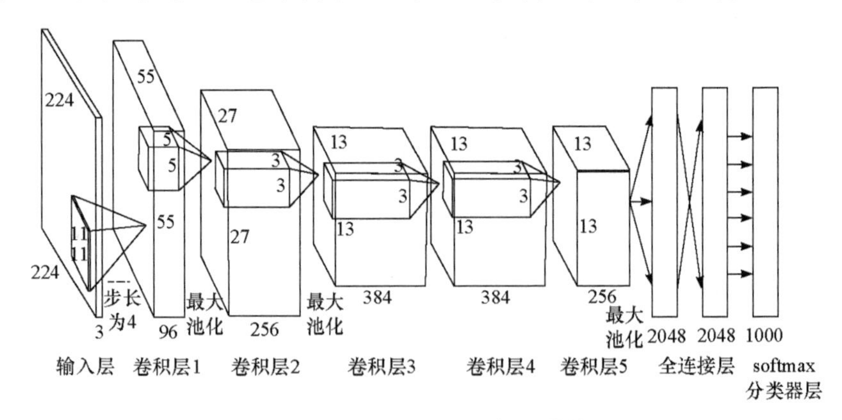

图 2.16　简化的 AlexNet 模型结构图

2. 目标检测

目标检测是计算机视觉领域的一项基本任务，主要是定位图像中特定物体出现的区域并判定目标类别。与图像分类相比，目标检测更关注图像局部区域和特定物体类别集合，被视为更加复杂的图像识别问题。随着 2012 年深度卷积神经网络在图像分类任务上取得重大突破，众多学者开始利用深度卷积神经网络取代浅层分类器解决目标检测问题。其中较有影响力的工作分为以下两类。一类是基于置信区间的 R-CNN 系算法(R-CNN(区域卷积神经网络)[32]、Fast R-CNN(快速区域卷积神经网络)[33]、Faster R-CNN(更快速区域卷积神经网络)[34])，它们是双阶段的，如图 2.17 所示，需要先使用启发式方法选择性搜索(selective search)或者卷积神经网络产生置信区间，提取置信度高的子区域，然后在置信区间上计算卷积神经特征后进行分类与回归。另一类是只看一次算法(you only look once，YOLO)[35]、单次多盒检测算法(single shot multibox detector，SSD)[36]这类一阶段算法，其仅仅使用卷积神经网络直接预测不同目标的类别与位置，是一种端到端的定位检测技术。二阶段算法准确度高一些，但速度慢，一阶段算法速度快，可以实现实时检测，但是准确度要低一些。

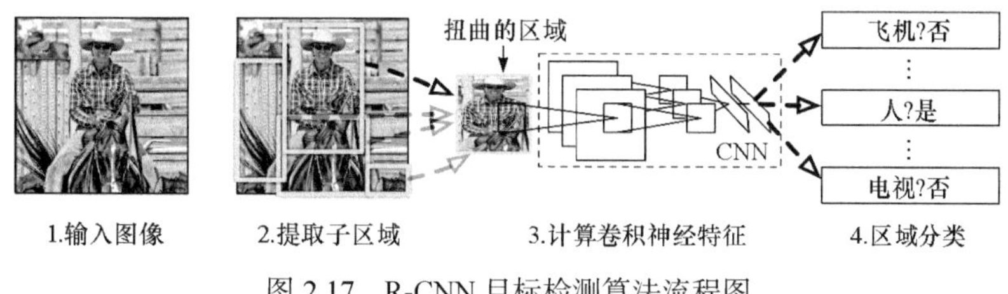

图 2.17　R-CNN 目标检测算法流程图

由于当下基于卷积神经网络的目标检测模型大多将目标检测问题归结为如何提出候选区域和如何对候选区域进行分类两个子问题，目标检测问题比图像分类问题难度更高，解决起来步骤更加复杂，对模型的性能要求也更高。在目标检测的发展过程中，卷积神经网络本身的结构得到了改进，更多的模型侧重于优化训练方法与流程。在这一过程中，目标检测模型在准确率不断提升的同时，运行时间也不断缩短，从而使其能够被更好地投入实际应用中。

3. 图像分割

深度神经网络在图像分类、目标检测和姿态估计等方面取得了巨大的成功，进一步的发展便是对图像上每个像素点进行预测，这个任务就是图像分割。图像分割是这样一类问题：对于一张图来说，图上可能有多个物体、多个人物甚至多层背景，希望做到对于原图上的每个像素点，能预测它属于哪个部分(人、动物、背景……)。图像分割作为计算机视觉应用研究的第一步十分关键。

在过去的 20 年中，图像阈值分割方法作为这个领域最早被研究和使用的方法，由于物理意义明确、效果明显和易于实现等特点而被广泛应用。之后相继衍生出了基于空间特征、基于模糊集和基于非香农熵等许多阈值选取方法。近几年，随着深度学习的广泛应用，出现了一些将深度神经网络改为全卷积神经网络来做图像分割的方式。首先利用一些流行的分类网络(AlexNet、VGG[37]、GoogleNet[38])，在保留一些它们在图像分类方面训练所得参数的基础上，进行“修剪”，转变为针对图像分割的模型。然后，将一些网络较深的层的所得特征和一些较浅的层的所得特征结合起来，最后用一个反卷积层放大到原始图像大小来提供一个更为准确的分割结果，称之为跳跃结构。这就是基本的图像分割网络模型。深度学习使得图像分割这一领域有了更新、更有力的“工具”，极大地加强了图像分割的效果。

4. 人脸识别

人脸识别是图像识别领域一个非常重要的研究方向，人脸图像具有易采集的特性，因此受到了许多行业的关注，具有非常广阔的应用前景和巨大的商业市场。人脸识别技术主要包括人脸检测、人脸特征提取和人脸识别三个过程。

在深度学习出现之前，人脸识别采用的主流方法是以 Eigenfaces[39]为代表的子空间分析方法，在人脸识别领域最受关注的测试集 LFW 上的识别率只有 60%左右。近年来，基于深度学习的人脸识别在 LFW 数据集上的识别率得到了极大的提高，许多深度学习算法的识别率已经达到 99%以上，有的甚至超过了人类在该测试集上的识别水平(99.25%)。卷积神经网络是人脸识别方面最常用的一类深度学习方法。如 Facebook 的 DeepFace[40]是最早用于人脸识别的卷积神经网络方法之一，其使用了一个能力很强的模型，在 LFW 数据集基准上实现了 97.35%的准确度，将之前最佳表现的错误率降低了 27%。研究者使用归一化指数损失和一个包含 440 万张人脸(来自 4030 个主体)的数据集训练了一个卷积神经网络。DeepFace 有两个全新的贡献：①一个基于明确的 3D 人脸建模的高效的人脸对齐系统；②一个包含局部连接层的卷积神经网络架构，这些层不同于常规的卷积层，可以从图像中的每个区域学到不同的特征。

对于基于卷积神经网络的人脸识别方法，影响准确度的因素主要有三个：训练数据、卷积神经网络架构和损失函数。因为在大多数深度学习应用中，都需要大训练集来防止过拟合。一般而言，为分类任务训练的卷积神经网络的准确度会随每类样本数量的增长而提升。这是因为当类内差异更多时，卷积神经网络模型能够学习到更稳健的特征。但是，对于人脸识别，人们感兴趣的是提取出能够泛化到训练集中未曾出现过的主体上的特征。因此，用于人脸识别的数据集还需要包含大量主体，这样模型也能学习到更多类间差异。表 2.1 展示了一些最常用于训练人脸识别卷积神经网络的公开数据集。

表 2.1　公开的大规模人脸数据集

数据集	图像数量	主题数量	图像数量/主题数量
CelebFaces	202599	10177	19.9
UMDFaces	367920	8501	43.3
CASIA-WebFace	494414	10575	46.8
VGGFace	2600000	2622	991.6
VGGFace2	3310000	9131	362.5
MegaFace	4700000	672057	6.99
MS-Celeb-1M	10000000	100000	100

深度学习方法的主要优势是可用大量数据来训练，从而学到对训练数据中出现的变化情况稳健的人脸表征。这种方法不需要设计对不同类型的类内差异(如光照、姿势、面部表情、年龄等)稳健的特定特征，而是可以从训练数据中学到更深层次的抽象特征。深度学习方法的主要短板是需要使用非常大的数据集来训练，而且这些数据集中需要包含足够多的变化，从而可以泛化到未曾见过的样本上。幸运的是，一些包含自然人脸图像的大规模人脸数据集已被公开，可被用来训练卷积神经网络模型。除了学习判别特征，神经网络还可以降维，并可被训练成分类器或使用度量学习方法。卷积神经网络被认为是端到端可训练的系统，无须与任何其他特定方法结合。最新的研究成果表明，使用深度学习方法提取到的人脸特征表示具有传统手工特征表示所不具备的重要特性，例如这些特征是中度稀疏的，对人脸身份和人脸属性具有很强的选择性，对局部遮挡、光照变化和表情变化等具有良好的鲁棒性。这是特征都是通过在海量的图像数据上训练自然得到的，网络模型中并没有添加任何显式的约束条件，得到的人脸特征也没有进行其他后期的处理。这说明深度学习并非单纯地使用具有大量参数的、非常复杂的非线性神经网络模型去拟合数据集，而是通过逐层训练学习，最终得到蕴涵清晰的语义信息的特征表示，从而大大提高了识别率。

5. 图像标注

图像标注就是从图像中自动生成一段描述性文字，有点类似于我们小时候做过的“看图说话”，本质上是图像信息到文本信息的翻译。对于人来说，图像标注是简单而自然的一件事，但对于机器来说，这项任务充满了挑战性。原因在于机器不仅要能检测出图像中的物体，而且要理解物体之间的相互关系，最后还要用合理的语言表达出来，除此之外，模型还需要能够抓住图像的语义信息，并且生成人类可读的句子。

当前大部分图像描述生成的模型都是基于传统编码器-解码器架构。在最原始的循环神经网络结构中，输入序列和输出序列必须是严格等长的。但在机器翻译等任务中，源语言句子的长度和目标语言句子的长度往往不同，因此需要将原始序列映射为一个不同长度的序列。编码器-解码器架构就是用于解决长度不一致的映射问题。

在图像标注输入的图像代替了机器翻译中输入的单词序列，图像是一系列像素值，需要从图像特征中提取。常用的卷积神经网络从图像中提取出相应的视觉特征，然后使用解码器将该特征解码成输出序列，特征提取采用的是卷积神经网络，解码器部分将循环神经网络换成了性能更好的 LSTM，输入还是词嵌入，每步的输出是单词表中所有单词的概率。神经图像字幕(neural image caption，NIC)模型[41](图 2.18)一次性将图像特征输入解码器，但显而易见的是，每步生成的不同词语一般关联图像中的不同部分，因此理想的情况下应该是在预测下一个词语时，解码器自动关注应该关注的图像区域，这样拟合的准确率才会更高，这也符合人类视觉系统中局部关注的特点。图像标注问题不仅要解决目标检测的问题，生成的标注中还要考虑目标之间的关系，注意力机制可以较好地考虑这种“局部重视”。2015 年，Xu 等[42]将人类视觉系统中的注意力机制引入深度学习，整体模型结构如图 2.19 所示，模型整体仍是编码器-解码器结构，但编码器部分没有做改变，解码器中引入了注意力机制。

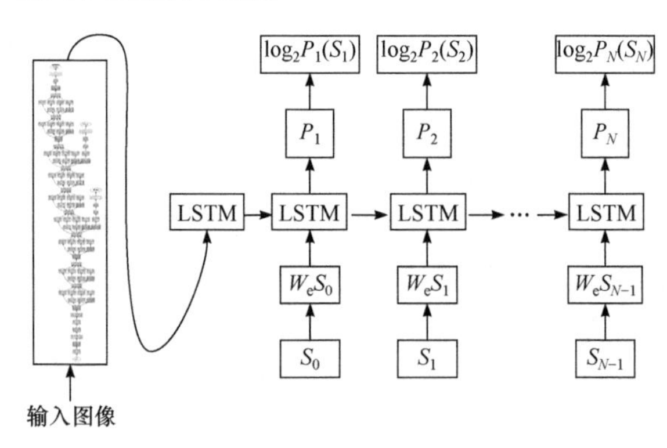

图 2.18 谷歌的 NIC 模型[41]

注意力的核心就是去学习这个位置集合的权重。Wu 等[43]改进了卷积神经网络提取的特征，使用高层语义特征进行分类。实际做法中，Wu 等将高层语义理解为一个多标签分类问题。在图像标注任务中，一张图像中的物体数目有很多，因此图像和物体标签就是一个一对多的关系，而不是通常的一对一的关系。为此，Wu 等对原先的 CNN 结构做出适当调整，使用多个归一化指数层分类，训练完成后得到的高层语义向量实际就表示图像中出现了哪些物体。Chen 等[44]较多地改

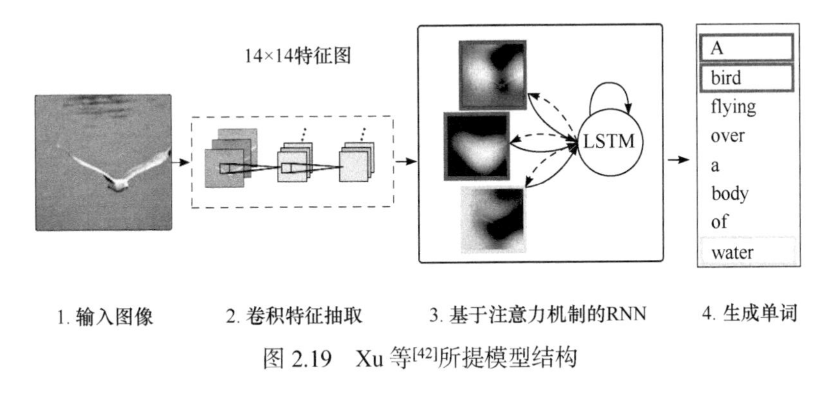

图 2.19 Xu 等[42]所提模型结构

动了解码器部分循环神经网络的本身结构，使得循环神经网络不仅能将图像特征翻译为文字，还能反过来由文字得到图像特征，此外还提高了性能。作为计算机视觉探索的主流问题之一，图像标注的发展极大地加深了计算机对图像的理解，为人机协同中机器获取信息、表达信息等过程提供了强大助力。

6. 视频理解

计算机视觉技术的突飞猛进和深度学习的发展不仅拓宽了图像领域的应用，同时也给互联网视频内容带来了新的可能性。数据显示，人们在视频上花费的时间是图像的 2.6 倍，越来越多的人正在主动成为视频内容的消费者，视频可以比单一文字、图像、声音等媒介传达出更丰富的信息，而通过人工智能技术，我们还能够从视频中深度挖掘出更多通过肉眼观察和聆听得不到的信息。视频领域研究和应用大有可为。

图像视频的自动理解是人工智能的核心问题之一，在深度学习技术的有力推动下，图像视频理解正在和知识表示、逻辑推理、语言处理等其他人工智能相关技术产生深层次的关联，呈现出多领域交叉的态势。图像视频理解的输出结果已不仅是有限的几个概念，而是更加知识化、结构化和语言化。相比图像，视频多了一维时序信息。如何利用好视频中的时序信息是研究这类方法的关键。当前，基于深度学习的视频理解主要方法有逐帧处理融合、卷积 LSTM(ConvLSTM)[45]、三维卷积[46]、双流法(Two-stream)[47]等。

逐帧处理融合方法把视频看成一系列图像的集合，每帧图像单独提取特征，再融合它们的深度特征。Ng 等[48]先提取每一帧的深度卷积特征，再设计特征融合方法得到最终输出。由于相邻帧信息冗余度很高，Wei 等[49]从视频(450 帧)中采样 100 帧，每帧交由深度平均网络(DAN)模型(DAN 模型采用双重注意力机制：视觉注意力机制和文本注意力机制，基于损失函数衡量文本和图像之间的相似性，在网络中自动将文本单词与图像区域进行匹配，如图 2.20 所示)分别进行预测。在得到 relu5_2 及 pool_5 深度特征之后，DAN 模型将其全局最大/平均汇合以得到深度特征。由于不同帧的重要性不同，Kar 等提出 AdaScan[50]汇合方法。其逐帧提取特征，之后判断不同帧的重要程度，并据此进行特征汇合。各种特征池化方式对特征的提取有不同的作用与效果，如图 2.21 所示。

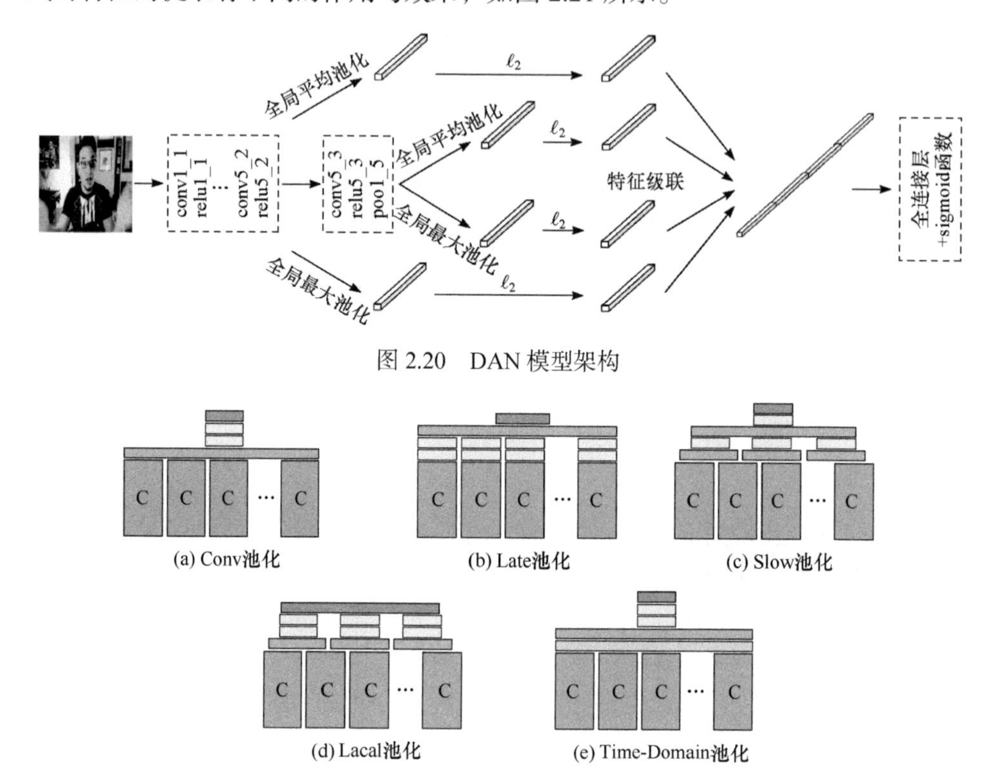

图 2.20　DAN 模型架构

图 2.21　各种特征池化方式

ConvLSTM 方法是用 CNN 提取每帧图像的特征，之后用 LSTM 挖掘它们之间的时序关系。Ng 等[48]在深度特征上，用 5 层隐藏层、节点数 512 的 LSTM 来提取深度特征，每个时刻都进行输出。训练时，一个片段从第 1 帧到最后一帧输出层获得的梯度分别乘以 0.0～1.0 的权重，用以强调后面帧的重要性。测试时，计算这些帧输出的加权和。Donahue 等[51]也提出了类似的工作。此外，Donahue 等还利用了光流输入把 x 、y 两个方向的光流缩放到[0，255]作为光流图像前两个通道，把光流的大小作为第三个通道。

三维卷积方法更适合学习时空特征，通过二维卷积和三维池化，可以对时间信息建模，而二维卷积只能在空间上学习特征。图 2.22 展示了二维和三维卷积操作。C3D(learning spatiotemporal features with 3D convolutional networks，基于三维卷积网络的时空特征学习)模型[52]是基于三维卷积特征提取器的三维卷积神经网络架构。该卷积神经网络架构从相邻视频帧生成多个信息信道，并在每个信道中分别执行卷积和子采样。最终的特征表示是通过组合所有频道的信息获得的。

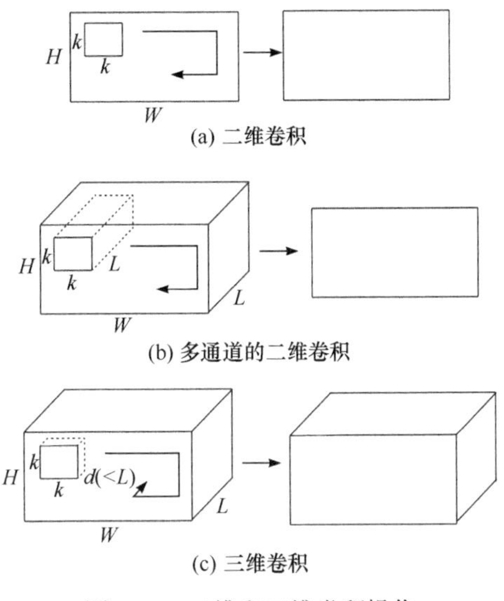

图 2.22　二维和三维卷积操作

当然，视频理解还包含许多衍生任务，如时序动作定位(temporal action localization)、异常检测(anomaly detection)、视频摘要与视频浓缩(video summarization and video synopsis)、“看视频说话”(video captioning)、第一视角视频(first-person video)、视频生成(next frame generation)、目标跟踪(object tracking)等。通过计算机视觉技术实现对于视频内容的智能化理解，实现自动化、智能化的视频内容生产、处理和分发也将是未来技术发展的下一个大风口。

计算机视觉技术的发展极大地推动了机器对视觉图像的感知和理解，借助计算机视觉技术，智能体能通过识别人脸、指纹、面部表情、肢体动作等人体信息，更加方便快捷地判断用户意图和需求，并适时准确地提供服务或给予回应。自动驾驶、机器人、智能医疗等领域均可通过计算机视觉技术从视觉信号中提取特征并处理信息。计算机视觉拓宽了人与机器的交互渠道，为人机协同提供了强大助力。

2.3.6　自然语言处理

自然语言处理(natural language processing，NLP)是计算机科学、人工智能和语言学的交叉领域，目标是让计算机处理、理解以及运用人类语言，以执行语言翻译和问题回答等任务。自然语言处理的兴起与机器翻译这一具体任务有着密切联系。机器翻译指的是利用计算机自动地将一种自然语言翻译为另外一种自然语言。自然语言处理体现了人工智能的最高任务与境界，也就是说，只有当计算机具备了处理自然语言的能力时，机器才算实现了真正的智能。

自然语言处理的主要目标是让人类语言能够更容易被计算机识别、操作，其主要应用包括信息抽取、机器翻译、摘要、搜索及人机交互等。传统的自然语言处理，不管是英文还是中文，仍然选择分而治之的方法，把应用分解成多个子任务来发展和分析自然语言处理，很少能够发展一个统一的架构，并且为了更好地提高性能，需要加入大量为特定任务指定的人工信息。从这点来说，大多数系统主要有这样的几个缺点：首先这些系统是浅层结构，并且分类器是线性的；其次为了一个线性分类器有更好的性能，系统必须融入大量为特定任务指定的人工特征；最后这些系统往往丢弃那些从其他任务学来的特征。从 2006 年开始，研究者们开始利用深层神经网络在大规模无标注语料上无监督地为每个词学到了一个分布式表示，形式上把每个单词表示成一个固定维数的向量当作词的底层特征。深度学习架构和算法为计算机视觉与传统模式识别领域带来了巨大进展。紧跟这一趋势，现在的自然语言处理研究越来越多地使用了新深度学习方法，深度学习使多级自动特征表示学习成为可能。而基于传统机器学习的自然语言处理系统严重依赖手动设计的特征，它们耗时且不完备。2011 年，Collobert 等[53]证明简单的深度学习框架能够在多种 NLP 任务上超越最顶尖的方法，如实体命名识别(entity naming recognition，ENR)任务、语义角色标注(semantic role labeling，SRL)任务、词性标注(part of speech tagging)任务。从此，各种基于深度学习的复杂算法被提出，来解决自然语言处理难题，并诞生了以下几个经典的自然语言处理模型。

1. Word2Vec

Word2Vec 由谷歌的 Mikolov 及其团队于 2013 年提出[54]，该模型是为了让词生成的向量能体现语义信息，这样就可以定量地去度量词与词之间的关系，挖掘词之间的联系。Word2Vec 是一种基于预测的模型，该训练模型本质上是只具有一个隐藏层的神经元网络，如图 2.23 所示。Word2Vec 的输入是采用独热(One-Hot)编码的词汇表向量，它的输出也是 One-Hot 编码的词汇表向量。该神经元网络训

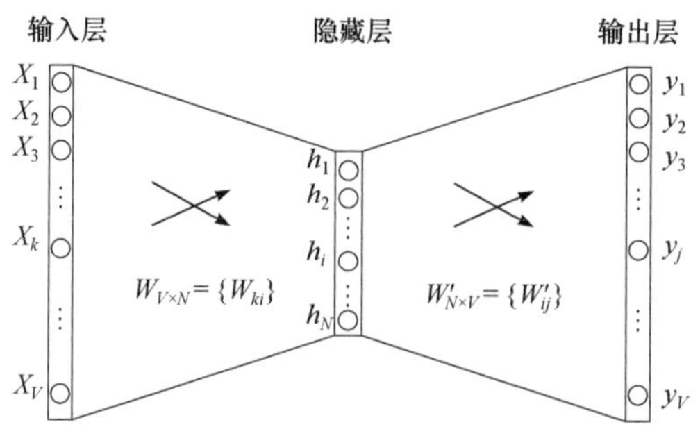

图 2.23　Word2Vec 训练模型

练收敛后，从输入层到隐藏层的那些权重，便是每一个词采用分布式表示的词向量。如图中单词经过词嵌入后的向量便是矩阵 $W_{V\times N}$ 第 i 行的转置。这样就把原本维数为 V 的词向量变成了维数为 N 的词向量(N 远小于 V)，并且词向量间保留了一定的相关关系。

谷歌的 Mikolov 在关于 Word2Vec 的论文中提出了 CBOW(连续词汇)和 Skip-gram(跳过语法)两种模型，CBOW 模型中使用围绕目标单词的其他单词(语境)作为输入，在映射层进行加权处理后输出目标单词；Skip-gram 模型中，与 CBOW 模型根据语境预测目标单词不同，Skip-gram 模型根据当前单词预测语境，如图 2.24 所示。CBOW 模型适合于数据集较小的情况，而 Skip-gram 模型在大型语料中表现更好。例如句子“There is an apple on the table”作为训练数据，CBOW 的输入为(is，an，on，the)，输出为 apple。而 Skip-gram 模型的输入为 apple，输出为(is，an，on，the)。前者根据上下文预测文字，后者根据文字预测上下文。

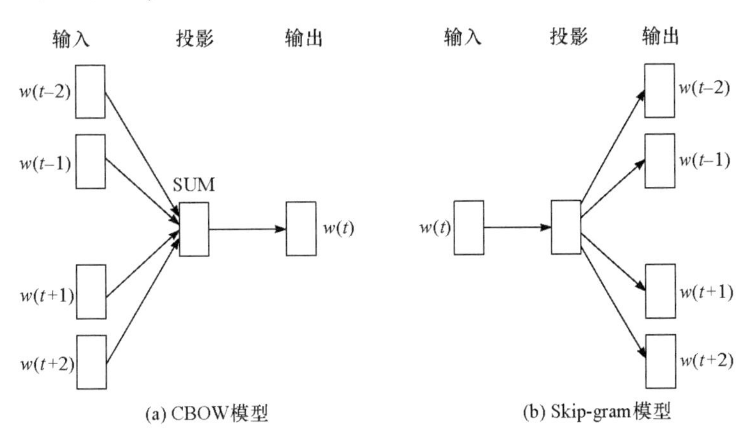

图 2.24　CBOW 模型和 Skip-gram 模型

Word2Vec 已经成为自然语言处理领域的基础算法，它通过将语义问题转换为数值计算问题使计算机能够便捷地处理自然语言问题，提出后被广泛应用在自然语言处理任务中。它的模型和训练方法也启发了很多后续的词嵌入模型。

2. Transformer

Transformer 模型由 Vaswani 等[55]首次提出。Transformer 模型抛弃了以往深度学习任务里使用到的卷积神经网络和循环神经网络，整个网络结构完全由注意力机制组成。更准确地讲，Transformer 模型由且仅由自注意力机制和前馈神经网络组成。一个基于 Transformer 模型的可训练的神经网络可以通过堆叠 Transformer 模型的形式进行搭建。Transformer 模型广泛应用于自然语言处理领域，如机器翻译、问答系统、文本摘要和语音识别等方向。

和注意力机制一样，Transformer 模型中也采用了编码器-解码器架构，但其结构相比于注意力机制更加复杂，Transformer 模型中每一个编码器和解码器的内部简版结构如图 2.25 所示。编码器包含两层，一个自注意力层和一个前馈神经网络层，该模型由 6 个编码器堆叠在一起。自注意力层能帮助当前节点不仅只关注当前的词，还能获取上下文的语义。解码器也包含编码器提到的两层网络，但是在这两层中间还有一层注意力层，帮助当前节点获取到当前需要关注的重点内容[55]。对于任一输入数据，Transformer 模型需要对其进行编码操作，也可以理解为类似 Word2Vec 的操作，编码结束之后，输入到编码器层，自注意力层处理完数据后把数据送给前馈神经网络，前馈神经网络的计算可以并行，其输出会输入下一个编码器。

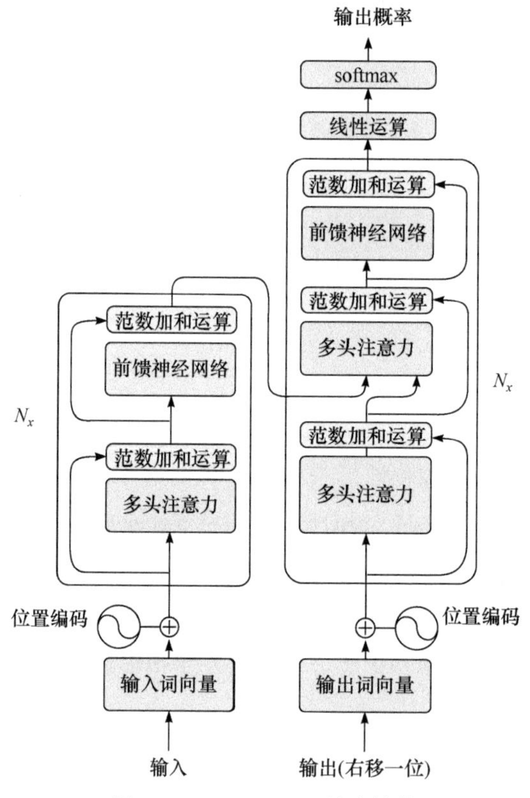

图 2.25　Transformer 基本结构

Transformer 模型是第一个用纯注意力搭建的模型，不仅计算速度更快，在翻译任务上也获得了更好的结果；具有更低的单层计算复杂度；可以并行计算；能更好地解决长距离的依赖问题。

3. BERT

BERT(bidirectional encoder representations from transformers)[56] 是一种 Transformer 的双向编码器，旨在通过周边文本中共有条件为基础来预先训练双向深度表示。因此，经过预先训练的 BERT 模型只需一个额外的输出层就可以进行微调，从而为各种自然语言处理任务生成最新模型。

BERT 的网络结构使用的是 Vaswani 等[55]提出的多层 Transformer 结构，如图 2.26 所示。Transformer 结构最大的特点是抛弃了传统的循环神经网络和卷积神经网络，通过注意力机制将任意位置两个单词的距离转换成 1，有效地解决了自然语言处理中棘手的长期依赖问题。

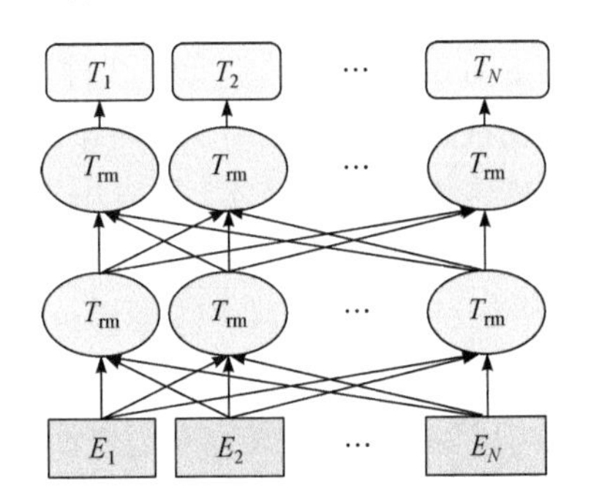

图 2.26　BERT 的网络结构

一个“T_{rm}”代表一个 Transformer 块[56]

BERT 的本质是通过在海量语料的基础上运行自监督学习方法为单词学习一个好的特征表示，它的出现开启了自然语言处理领域的预训练学习。BERT 的预训练阶段采用了两个独有的无监督任务，一个是掩码语言模型(masked language model)，还有一个是后续语句预测(next sentence prediction)。BERT 模型的预训练过程就是逐渐调整模型参数，使得模型输出的文本语义表示能够刻画语言的本质，便于后续针对具体自然语言处理任务进行微调。预训练的好处在于在特定场景不需要用大量的语料来进行训练，节约时间，从而大大提升了模型的训练效率。

伴随着自然语言处理研究的不断深入，其应用也变得越来越广泛，尤其是在知识图谱、机器翻译、阅读理解和智能创作等方面都有较为成熟的应用。

1) 知识图谱

知识图谱能够让人工智能具备认知能力和逻辑能力，进而实现智能分析、智能搜索、人机交互等场景应用，而这一优势使得知识图谱可以应用于科研、金融、医疗、司法、公共安全等各个领域。2018 年以来，百度应用知识图谱，实现了智能搜索；阿里健康启动医学知识图谱，与国家级医疗健康大数据平台等机构在北京宣布启动医学智库“医知鹿”，而腾讯也推出了首款医疗 AI 引擎“腾讯睿知”发力智能导诊；美团通过构建知识图谱以实现智能化的生活服务；招商银行总行的知识图谱项目也成功落地上线，预示着知识图谱在金融领域的应用正不断成熟；在汽车领域，汽车之家通过构建汽车领域知识图谱，为其 APP“家家小秘”实现了图谱问答。总之，知识图谱的行业应用，会让内容更加精准，服务更加智能。知识图谱逐渐成为各领域的数据和技术核心。

2) 机器翻译

随着深度学习在机器翻译的成功应用，以及实时的语音转文字和文字转语音功能的成熟，模型翻译的水平得到了很大提高，很大程度上解决了对话中的翻译问题。翻译机在 2018 年成为人们关注的热点，除了之前我们熟悉的谷歌、百度、网易等在线翻译外，2018 年 6 月 13 日，谷歌发布离线神经机器翻译(neural machine translation)技术，使得在离线状态下，也能用 AI 翻译，且支持 59 种语言；2018 年 9 月，网易有道自研离线神经网络翻译技术，并应用于发布的翻译智能硬件“有道翻译王 2.0Pro”；2018 年 9 月，搜狗推出最新款时尚 AI 翻译机——搜狗翻译宝 Pro，支持 42 种语言实时互译及中英日语言离线翻译；2018 年 10 月，百度推出实时将英语翻译成中文和德语的人工智能即时翻译工具。机器翻译作为自然语言处理最为人知的应用场景，其产品正逐渐成为人们生活的必需品，因此机器翻译仍然蕴含着巨大的市场价值，让众多厂商为之心动，这必然会使得机器翻译越来越成熟。

3) 阅读理解

阅读理解和智能创作作为复杂的自然语言处理技术之一，受到了广大学者和企业的关注，同时也已经开始商业化。2018 年 8 月，“考拉阅读”宣布完成融资 2000 万美元，并将此次融资用于考拉阅读原创“中文分级阅读系统 ERFramework”的优化升级、优质阅读内容的生产聚合及市场规模的扩大；在近期举办的 MS MARCO(Microsoft Machine Reading Comprehension，微软机器阅读理解)[57]文本阅读理解挑战赛中，阿里 AI 模型在英文阅读理解比赛中超过了微软、百度等研究机构，排名第一，而这一技术也已经大规模应用于淘宝、天猫以及东南亚电商 Lazada 等产品中。阅读理解作为继语音判断和语义理解之后的又一主要挑战，需要模型理解全文语境，同时还需要理解和关注词汇、语句、篇章结构、思维逻辑、辅助语句和关键句等元素，并可以直接作用于现实中的文本资料中，其价值不言而喻。也是这个原因，使得 MS MARCO 文本阅读理解挑战赛变得如此激烈。

4) 智能创作

智能创作通过深度学习模型获取创作的背景知识和创作方法，并根据主题自动生成作品，以辅助或替代人工创作。其中印象最为深刻的便是腾讯写稿机器人“Dreamwriter”，在俄罗斯世界杯足球赛期间，Dreamwriter 生产一篇稿子平均只要

0.46s，而且写法越来越类人化，不再是冷冰冰的；除此之外，百度在百家号内容创作者盛典上宣布推出人工智能写作辅助平台“创作大脑”，为人类作者提供纠错、提取信息等各种辅助工作，其基于语义的智能纠错功能识别准确率达到了95%以上，能实现相当于大学生平均水平的纠错能力；2018 年 5 月，微软小冰宣布“演唱深度学习模型完成第四次重大升级，演唱水平接近人类，且开始向作词、作曲、演唱全面发展”；2018 年 6 月，IBM Research 推出 AI 系统 Project Debater，在旧金山 IBM 办公室，人工智能在一场辩论赛中击败了人类顶尖辩手，Project Debater 通过处理大量文本，就特定主题构建出有良好结构的演讲，提供清晰明确的目的，并反驳其对手，它的对手是以色列国际辩论协会主席 Dan Zafrir 和 2016 年以色列国家辩论赛冠军 Noa Ovadia。智能创作几乎需要集成目前所有的自然语言处理技术，这也从侧面体现了各公司自然语言处理技术的综合实力，因此智能创作备受各企业的关注。

除了以上热门的应用之外，智能问答和语音处理依然是自然语言处理的热门应用。2018 年以来，各厂商相继更新换代。例如，腾讯推出了一款全新的“腾讯叮当智能视听屏”，成功打破了智能音箱和智能显示设备之间的隔膜，将两者完美地结合在了一起；2018 年全球人工智能与机器学习技术大会 AICon 上，智能对话和语音处理依然是主题之一。自然语言处理的成熟应用是智能应用的关键一步，不仅可以解放人力，同时也带来了更好的用户体验。

在人机交互的过程中，计算机视觉、自然语言处理技术让机器能够理解人类的输入信号；各类预测模型、深度学习模型帮助机器做出有效且理性的判断，使其具备学习的能力；智能控制方法、强化学习让机器完成人类指定的动作或者进行有效的反馈……人机交互的过程蕴含着人工智能的方方面面，人工智能正在从外置性技术辅助向内融性技术渗透，促使人机交互过程中所使用的规则、方法、技巧及调控形式发生变化。未来，人机协同必将突破新一代人工智能关键共性技术，以人工智能基础知识为支撑，全面提升感知识别、知识计算、认知推理、协同控制与操作、人机交互等能力，在本质上提升人工智能支撑解决现实人机协同问题的范围和能力。

2.4　本 章 小 结

人工智能是这个时代最具变革的力量之一，它改变了人类与机器互动的方式，影响了我们的生活，重新定义了人与机器的关系。通过人机协同与人工智能的发展历程可以看出，二者的关系从过去的此起彼伏逐渐变成了当下的相互促进，基于二者深度融合的典型应用也在教育、医疗等关键领域不断涌现。人机协同技术为人工智能提供了应用需求和研究思路，而人工智能也驱动了人机协同技术的发展和变革。基于人工智能的基础知识支撑技术为人机交互与人工智能未来的发展提供了强大的驱动力，使它们走向深度融合并协同发展。未来，人机协同将真正融合人脑智慧和机器智能，使其成为一个完整的系统，从而更加高效地解决复杂问题，具有深刻的科学意义和巨大的产业化前景。

第二篇　前沿技术篇

第3章　互补人机协同

智能信息时代的到来促使人工智能与人机交互这两大重要研究领域飞速发展，受到人们的广泛关注。通过人机交互与人工智能的发展历程可以发现，这两大领域的发展经历了曾经的此起彼伏后变成了如今的相互促进，其中人机交互技术为人工智能提供了应用需求和研究思路，而人工智能驱动了人机交互技术的发展和变革，随着两者相互促进、相互驱动模式的深入发展，逐渐融合成为一种新型的“人+机器”的人机协同体系[58]。

3.1　互补人机协同概念

互补人机协同强调人类智能在机器智能中的互补作用，借助各种人机接口技术和方法，将人类智能与机器智能结合起来，使它们优势互补、协同工作，从而产生更强大的智能形态。人类智能是通过人类大脑所具有的信息感知、加工、投射整合决策及控制功能采取相应的处理行为所表现出来的思维能力[59]。人类智能具有抽象思维、推理、学习等高级智能属性，但人脑的信息加工处理速度不高、记忆容量有限。与之相反，机器智能也就是人工智能有强大的记忆力、准确的执行力和快速的信息处理及推理能力，但目前人工智能仍然缺乏适应复杂环境或求解问题的高级智能属性。因此，互补人机协同旨在结合人脑的认知能力与计算机的计算能力，即将人类智能与机器智能紧密结合，在机器智能中发挥人类智能的强大作用，从而形成互补人机协同。

传统的与智能相关的研究主要是面向“单一的智能形式”开展相关理论和技术研究工作[60]，例如，单纯面向人工智能技术或单纯面向生物智能的认知神经机理等基础问题开展研究，或者单纯面向如何通过人工智能方法增强智能系统的性能开展研究等。和传统的与智能相关的研究不同，互补人机协同的研究目标主要是结合人工智能与人类智能，发挥人类在人工智能中的重要作用，为人工智能提供人类智能的优势互补，从而实现人类智能与人工智能的紧密结合。

目前，将人类智能与人工智能有机融合，通过人机接口技术实现多模生物和环境信息的感知和计算，建立信息整合与信息识别，实现人与机器的相互适应和协调控制，可以实现人与机器更加自然的、以人为中心的智能交互模式。基于互补人机协同的场景应用包括医疗机器人、智能制造等，下面将对这些互补人机协同场景进行详细介绍。

3.2　互补人机协同场景

3.2.1　医疗机器人

基于互补人机协同的医疗机器人以人与机器在共存环境中的人机交互为基础，在机器人完成相关医疗任务的同时辅助以人的指导作用，最大限度地发挥机器人的作用与价值。例如，在机器人参与的外科手术中，不论是在机器人的协助下由外科医生完成手术还是在外科医生的指导下由机器人完成手术，机器人与人之间精准、互补的协同工作将高速、有效地保证手术的顺利完成。同样，功能康复和辅助机器人需要直接与患者接触，辅助患者实现功能的运动与补偿，服务机器人与使用者互动，实现人机交互的服务功能等。

互补人机协同的应用潜力在医疗领域逐渐显现，主要应用于医疗的机器人包括外科手术机器人、康复机器人和服务机器人。

1. 外科手术机器人

医疗机器人是集数据系统、信号传输系统、传感系统、导航系统等多层面于一身的人工智能在医疗方面应用的典型，而外科手术机器人又是医疗机器人中最具特色的典范。下面以达·芬奇机器人手术系统为例，详细介绍其工作原理与技术优势，体现互补人机协同在外科手术机器人中的应用前景。

外科手术机器人最为典型的代表就是达·芬奇机器人手术系统(图 3.1)，其以麻省理工学院研发的机器人外科手术技术为基础。Intuitive Surgical 公司随后与麻省理工学院和 Heartport 公司联手对该系统进行了进一步开发。达·芬奇机器人手术系统于 1996 年推出了第一代；2006 年推出的第二代机器人机械手臂活动范围更大了，允许医生在不离开控制台的情况下进行多图观察；2009 年在第二代机器人的基础上增加了双控制台、模拟控制器、术中荧光显影技术等功能，进而推出了第三代达·芬奇 Si 系统；第四代达·芬奇 Xi 系统在 2014 年推出，灵活度、精准度、成像清晰度等方面有了质的提高，2014 年下半年还开发了远程观察和指导系统。目前已经批准将达·芬奇机器人手术系统用于成人和儿童的普通外科、胸外科、泌尿外科、妇产科、头颈外科及心脏手术。全球已经有数十个国家 3000 多家医院使用达·芬奇机器人手术系统；截至 2017 年 3 月 31 日，全球已安装了 4023 台达·芬奇机器人手术系统，其中美国 2624 台，欧洲 678 台，亚洲 520 台及其他地区 201 台。每年全球完成的机器人手术量以 15%左右的增速逐年快速增长。同时《美国新闻世界报道》杂志评选的美国“50 家最好的肿瘤外科医院”、美国“40 家最好的泌尿外科医院”、美国“50 家最好的心外科医院”、 美国“50 家最好的妇科医院”均已使用了该系统。

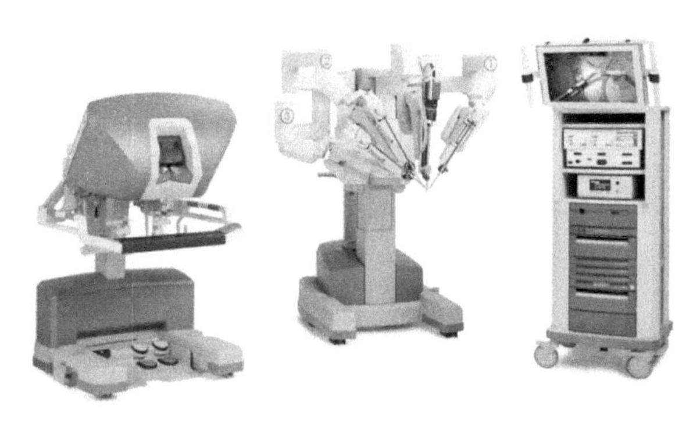

图 3.1　达·芬奇机器人手术系统

达·芬奇机器人手术系统是一种高级机器人平台，其设计的理念是通过使用微创的方法，实施复杂的外科手术。实施手术时主刀医师不与患者直接接触，通过三维视觉系统和动作定标系统操作控制，由机械臂以及手术器械模拟完成医生的技术动作和手术操作。达·芬奇机器人手术系统由三部分组成：外科医生控制台、床旁机械臂系统、成像系统[61]。

(1) 外科医生控制台。主刀医生坐在控制台中，位于手术室无菌区之外，使用双手(通过操作两个主控制器)及脚(通过脚踏板)来控制器械和一个三维高清内窥镜。正如在立体目镜中看到的那样，手术器械尖端与外科医生的双手同步运动。

(2) 床旁机械臂系统。外科手术机器人的操作部件，其主要功能是为器械和摄像提供支撑。助手医生在无菌区内的床旁机械臂系统边工作，负责更换器械和内窥镜，协助主刀医生完成手术。为了确保患者安全，助手医生比主刀医生对于床旁机械臂系统的运动具有更高优先控制权。

(3) 成像系统。装有外科手术机器人的核心处理器以及图像处理设备，在手术过程中位于无菌区外，可由巡回护士操作，并可放置各类辅助手术设备。外科手术机器人的内窥镜为高分辨率三维(3D)镜头，对手术视野具有 10 倍以上的放大倍数，能让主刀医生看到患者体腔内三维立体高清影像，使主刀医生较普通腹腔镜手术更能把握操作距离，更能辨认解剖结构，提升了手术精确度。

达·芬奇机器人手术系统是当今外科领域最先进的、独一无二的高科技产品[62]。它的出现使微创外科领域找到了发展的方向和目标。达·芬奇机器人手术系统代表着当今手术机器人的最高水平，它有三个关键核心技术：可自由运动的手臂腕部、三维高清影像技术、主控台的人机交互设计。它不仅具备传统微创外科手术的所有优点，同时还拥有更多、更突出的优势[63]：

(1) 直视三维立体视野，极强的景深感使手术者有身临其境的感觉。

(2) 与开放手术完全相同的操作习惯，学习曲线大大缩短。

(3) 手术者可以随心所欲地完成全部操作，避免了与助手之间配合不熟练引发的安全性及低效等问题。

(4) 手术视野图像可以放大 10 倍，使超精细操作成为可能。

(5) 拥有 7 个自由度的可转腕手术器械，完全重现人手的动作，并超越了人手的活动范围。

(6) 自动分辨和除颤功能，使精细手术变得更加简单和安全。

由达·芬奇机器人手术系统可知，与传统手术系统相比，基于互补人机协同技术的手术机器人主要具备以下三个优势[64]：

(1) 突破了人眼的局限，借助内窥镜放大了手术视野。

(2) 突破了人手的局限，在人手不能到达的区域，机械手可以灵活穿行，且机械手上的稳定器可以防止出现人手的抖动现象。

(3) 手术创伤小。

然而，手术机器人对手术的可靠实施，离不开精准、自然的人机协同。因此，研发基于人机智能协同技术的手术系统平台，是手术机器人能够在医疗外科手术规划与模拟、微创定位操作、无损诊疗等方面得以广泛应用的前提条件。

2. 康复机器人

康复机器人中人机智能协同的实现需要多源感知和运动信息等核心技术的发展，从而保证能够准确地感知、处理和分析相关的人机交互信息。康复机器人中的人机智能协同是通过双向反馈来实现的，康复机器人实例见图 3.2。

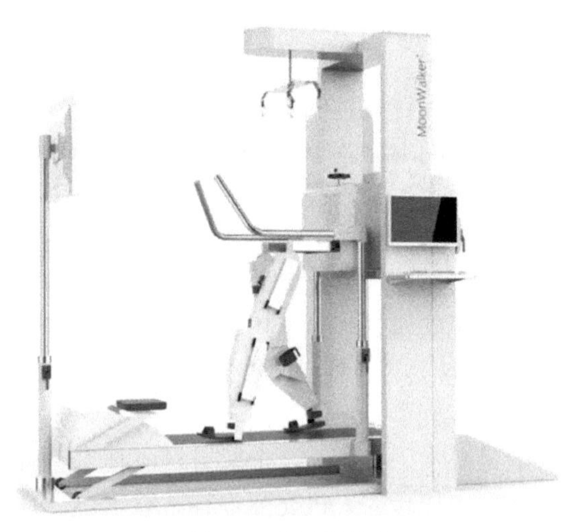

图 3.2　康复机器人

传统的康复训练方法主要是由人工或者借助简单器械带动患肢进行，这类训练方法一般需要多名医护人员辅助，而且医护人员的体力消耗很大，因此，很难保证康复训练的强度和持久性；同时，人工康复训练方法容易受治疗师主观因素影响，难以保证训练的客观性、精确性和一致性，限制了康复训练方法的进一步优化和康复效果的提升。尤其是近年来人员成本不断攀升，使得传统训练方法的康复费用不断增加，给患者家庭及社会都带来很大压力。康复机器人正是为了应对传统康复训练方法的不足而产生并发展起来的，它是将先进的机器人技术和临床康复医学相结合的一种自动化康复训练设备，能够发挥机器人擅长执行重复性繁重劳动的优势，并可实现精确化、自动化、智能化的康复训练，进一步提升康复医学水平，增加患者接受康复治疗的机会，提高患者的生活质量，促进社会和谐[65]。

以脑卒中后手部活动障碍患者的手部运动功能康复训练为例，传统的康复治疗手段通常依靠康复理疗师手动带动患者患肢进行被动康复训练，训练策略比较单一；同时，在训练过程中，施加在患肢上的力度与患肢的训练轨迹难以保持良好的一致性；而且，这种康复手段需要理疗师进行较强的体力劳动，因此患者通常难以得到足够强度与频次的康复训练[66]。相对于传统的人工康复训练模式，康复机器人带动患者进行康复运动训练具有很多优点：

(1) 机器人更适合执行长时间简单重复的运动，能够保证康复训练的强度、效果与精度，且具有良好的运动一致性。

(2) 通常康复机器人具备可编程能力，可针对患者的损伤程度和康复程度，提供不同强度和模式的个性化训练，增强患者的主动参与意识。

(3) 康复机器人通常集成多种传感器，并且具有强大的信息处理能力，可以有效监测和记录整个康复训练过程中人体运动学与生理学等数据，对患者的康复进度给予实时的反馈，同时可对患者的康复进展进行量化评价，为医生改进康复治疗方案提供依据。

康复机器人是与运动功能损伤的患肢相互作用，因此康复机器人和患者之间的交互控制尤为重要。现有康复机器人系统采用运动疗法作为主要康复治疗手段。运动疗法对神经损伤患者的康复起着不可替代的作用，其主要医学理论的基础在于神经系统的可塑性——神经系统具有随着内外环境变化不断地自我修复和重组的功能。运动疗法分为被动训练和主动训练两种训练策略。被动训练一般适用于患者康复初期，此时患者残余肌力较弱，不足以带动康复机器人，因此，是由康复机器人带动患肢沿着设定轨迹进行运动训练。在康复中后期，患者经历一段时间的被动训练之后，肌力得到一定程度的恢复。患者主动参与训练有助于促进功能恢复，提高肢体协调性。因而，此时可由康复机器人按照患者运动意图提供主动训练，提高患者参与训练的积极性。研究表明，需要患者主动发起运动的训练能够最大化患者主动参与度，其效果比被动的机器人辅助训练康复效果更好，即主动训练的康复效果较被动训练更为显著。但是，相对于被动训练，主动训练的实现更加困难，主要需要解决三个方面问题。

(1) 准确可靠地识别出人机交互系统中的人体运动意图。人机交互控制的关键前提是精确识别出人体运动意图。生物电信号能直观反映人的运动意图，如表面肌电信号能够较为直观地反映患者肌肉状态，脑电信号能够直观地反映大脑皮层相关运动区域状况，因而通过对生物电信号分析可以提取人的运动意图，包括运动类型和力量大小，并将其作为控制信号以更加灵活安全地进行康复机器人交互训练，使得康复机器人能够主动“理解”人的行为意图。另外，可以通过人机系统动力学模型及力位传感器测量值计算人体对康复机器人主动施加力/力矩的大小，该力/力矩是人体运动意图的直观体现；但是，由于康复机器人系统存在非线性、摩擦、不确定性干扰等因素，一般很难得到准确的系统动力学模型。一方面可采用各种非线性控制器、补偿控制器、神经网络自适应鲁棒控制器用于补偿系统的非线性、不确定性因素；另一方面可通过精确地建模和辨识方法来建立系统的动力学模型。

(2) 根据获取的运动意图控制机器人的运动或辅助力。人机交互控制方面，研究者根据特定的康复机器人平台提出了相应的方法，如基于虚拟隧道的控制策略、阻抗控制策略、基于功能性电刺激的控制策略等。基于虚拟隧道的控制策略允许患肢在隧道内自由运动，当患肢处于隧道外部时，康复机器人将对其施加一个柔顺力来调整患肢的位置与姿态，并将患肢拉回正常轨道范围内。舒适、自然、柔顺的人机交互控制，可充分调动患者参与康复训练的积极性，改善康复训练效果。阻抗控制参数可以根据患者需要的辅助力或抗阻力的大小而变化，保证康复机器人与患者之间的柔顺性，有利于激发患者残存肌力，提高患者参与训练的积极性。基于功能性电刺激的控制策略使用低频电流刺激失去神经控制的肌肉，诱发肌肉产生可控的肌肉收缩运动。电刺激模仿中枢神经系统电脉冲信号可在一定程度帮助患者恢复受损肢体功能；同时在训练过程中，当患者自身残余肌力不足以完成康复训练任务时，可由电刺激脉冲信号诱发肌肉收缩，辅助患者完成训练任务。具有良好稳定性的康复机器人控制系统是保证安全可靠的人机交互、避免患者再次受到损伤的必然要求。

(3) 确保人机交互控制系统的稳定性。然而，由于机器人与患肢之间存在非线性耦合等不确定性动力学关系及未知干扰作用，并且缺乏阻抗参数的自适应机制，从而难以严格证明交互过程的稳定性，而系统稳定性对于患者安全至关重要。针对人机交互可能导致系统不稳定的问题，基于上肢康复机器人，设计了三种控制模式，并研究了相关控制策略的稳定性，该三种控制模式包括人体主导模式、机器人主导模式及安全停止模式。除此之外，波变换法、无源性控制反馈法等用于处理由遥操作康复机器人通信信道中固有的延时而带来的交互系统不稳定问题。同时，针对具有未知动力学关系的康复机器人，自适应神经网络控制方法用于估计机器人未知模型，适应机器人与患者之间的交互作用力，更好地处理系统不确定性以及提高系统的鲁棒性。

3. 服务机器人

作为服务机器人一个非常重要的研究方向，人体外骨骼机器人目前是国际人机智能系统研究的热点之一。人体外骨骼机器人是一种可穿戴的人机一体化机械装置，它将人和机器人整合在一起，与传统的机器人根据程序执行命令不同，基于人机智能协同的人体外骨骼机器人是人来控制，机器执行。

早在1966年美国通用电气公司研制出人体外骨骼助力机器人Hardiman，观其含义“坚强”，研发初衷为单纯增强人的体力，但因其结构过于复杂笨重，未能实际使用。直到进入21世纪，随着自动控制与机器人技术的快速发展，外骨骼机器人才进入全新发展阶段，多家国际知名大学、公司投入到与其相关的研究与开发工作中。美国国防部先进研究项目局斥巨资研发军用外骨骼机器人，典型代表为洛马公司的人类外骨骼负重系统；同时，外骨骼机器人应用领域向康复医疗领域延伸，希望未来改进肢体瘫痪患者的康复效果和生活质量[67]。

外骨骼机器人研究人与机器人系统的协同运动，主要研究内容包括基于运动理论的人体步态数据库的建立和分析，根据人体生理结构和人体工程学设计紧凑的外骨骼结构，采用新型和柔性材料进行设计加工，在满足外骨骼行走需要的前提下，降低外骨骼整体重量并且增加外骨骼穿戴的便携性，实现外骨骼机器人整体的设计与优化[68]。通过外骨骼传感系统，以足底压力传感器、关节角加速度传感器、腿部压力传感器等为主要判断手段精确判断机器人的当前步态，实现机器人对人体运动意图、运动趋势的智能判断，使外骨骼机器人与穿戴者进行协调与同步，从而实现穿戴者控制外骨骼机器人完成自然、平滑的步态和运动，这是人机智能协同作用的结果[69]。

人机智能协同技术运用于下肢外骨骼的一个例子是基于表面肌电信号控制的下肢助力外骨骼系统。通过采集皮肤表面能够探查到大脑传出的微弱肌肉运动信号，通过信号编解码原理判断出佩戴者的运动意图，进而控制外骨骼机器人模拟完成相应的动作。此外，外骨骼可以通过输入定量运动刺激，实现定量检测和评价手段，为佩戴者提供更为科学的康复训练、行走模式，并可为运动康复机理的研究提供平台。通过传感器采集人体运动过程中关节的角度和角速度，能够较好地根据实际环境要求调整行走过程中的步态，并通过大量的临床穿戴行走试验，建立基于康复机理的科学步态规划，可用于下肢功能障碍患者的功能恢复。人体外骨骼机器人不仅可以用于民用领域，还能用于军事领域。

3.2.2　智能制造

以电子计算机和互联网为主导的电子信息时代的到来，深刻地影响了制造业的发展，使得制造业从以往的资源配置为主体向以信息、知识密集为主导方向发展[70]，人们越发意识到知识与信息在生产与制造过程中的重要地位，信息化是当今人类有效、高速地创造财富的必然途径。我国作为制造业大国，国民经济正处于生产结构调整、生产方式优化的关键时期，利用包括信息技术在内的高新技术对传统制造业进行改造是这一时期急需落实的方面，以实现绿色经济与智能制造的整体目标[71]。

未来的智能制造时代，企业中所有设备之间、设备与人之间以及与云端资源都互通互联，形成一个完整相连的“互联网+制造”的庞大体系[72]。智能制造并不是简单的机器代替人运作，而是人与机器相互协作、融为一体，在智能制造体系中发挥各自的优势，并且将两者的优势融合起来，形成新的人机协同方式，完成更复杂、更具有创造性的生产任务，形成比传统制造业更为强大的生产能力与创造能力。同时，基于互联网技术，通过企业的数据平台将用户、产品、环境、设计、工艺、制造设备、物流服务等相关生产要素互联互通，最终形成并联式全产业线的企业协同生产和人机协同创新的新格局，这就是智能制造的本质，智能制造格局系统如图 3.3 所示。

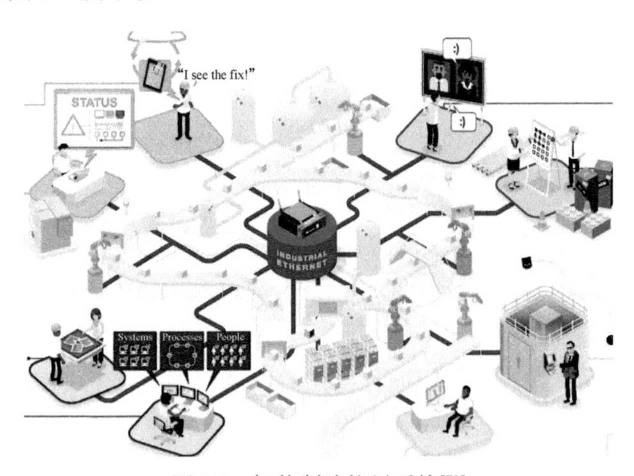

图 3.3　智能制造格局系统[73]

在智能制造时代的发展背景下，人在生产中的角色与要求逐渐发生变化，机器设备不断替代人们进行主要的重复性生产劳动，并且越来越多的设备实现了智能化自我管理，在没有人监督控制的情况下仍然能够自主完成生产任务，即关灯车间或工厂，那是否意味着智能制造或工业 4.0 在不断追求工厂的无人化呢？事实上并非如此。德国西门子公司的迪尔特博士明确表示，“在实施工业 4.0 的过程中人类作为有创造力的规划者、监督者和决策者的地位不可动摇”。我们不得不承认，人在智能制造体系中所承担的任务或工作岗位必然会发生根本性变化以及全面调整，但人的主导地位在目前的工业 4.0 或智能制造业中仍不可取代。

1. 智能制造的发展历程

智能制造的理念与技术发展迄今已经历几十年。从 20 世纪 80 年代日本提出“智能制造系统(IMS)”，到美国提出“信息物理系统(CPS)”，德国提出“工业 4.0”，再到中国提出“中国制造 2025”，智能制造广泛影响着世界各国的工业转型战略。

在几十年的发展历程中，与智能制造相关的各种范式层出不穷、相互交织，如精益生产、柔性制造、并行工程、敏捷制造、数字化制造、计算机集成制造、网络化制造、云制造、智能化制造等。

精益生产从 20 世纪 50 年代起源于日本丰田汽车公司，并被广泛应用于制造业，主要目标是在需要的时候，按需要的量生产需要的产品，由准时生产、全面质量管理、全面生产维护、人力资源管理等构成，体现了持续改善的思想，是智能制造的基础之一[74]。

柔性制造在 20 世纪 80 年代初期进入实用阶段，是由数控设备、物料储运装置和数字化控制系统组成的自动化制造系统，能根据制造任务或生产环境的变化迅速进行调整，适用于多品种、中小批量生产，系统具备供应链的柔性、敏捷和精准的反应能力。

并行工程利用数字化工具从产品概念阶段就考虑产品全生命周期，强调产品设计、工艺设计、生产技术准备、采购、生产等环节并行交叉进行，并行有序，尽早开展工作。

敏捷制造诞生于 20 世纪 90 年代，随着信息技术的发展，企业采用信息手段，通过快速配置技术、管理和人力等资源，快速有效地响应用户和市场需求。

我国 1986 年开始研究计算机集成制造，它是将传统制造技术与现代信息技术、管理技术、自动化技术、系统工程技术有机结合，借助计算机，实现企业产品全生命周期各个阶段的人、经营管理和技术有机集成并优化运行[75]。

21 世纪初，网络化制造兴起，它是先进的网络技术、制造技术及其他相关技术结合构建的制造系统，是提高企业的市场快速反应和竞争能力的新模式[76]。

近几年，为解决更加复杂的制造问题和开展更大规模的协同制造，面向服务的网络化制造新模式——云制造开始爆发式发展[77]。

智能化制造是新一代信息技术、传感技术、控制技术、人工智能技术等的不断发展与在制造中的深入应用，产品制造、服务等具备自适应、自学习、自决策等能力，这是一种面向未来的制造范式[78]。

2. 人类在智能制造中的角色

在传统的生产模式下，技术技能人才往往根据自己对生产任务的专业知识以及多年的工作经验来不断发现问题和解决问题。当他们处于智能制造的环境中时，过去的经验模式以及根据主观判断问题、解决问题的方式将发生变化。更多时候展现在技术人员面前的是客观的流程数据，而此时他们所需要做的是分析这些数据背后的联系并且依靠自己的工作经验来决定采用什么数据、如何根据客观数据得到正确的解决问题的方案。

因此，在智能制造时代，阅读数据、解读数据、分析数据并根据数据分析结果的能力是技术人员所必不可少的，即“数据分析员”将成为智能制造模式下的第一种角色。同时，技术技能人员往往没有固定的工作岗位，而是不断需要对数据进行监视，检验机器设备是否按照所设定的生产要求完成相应的生产任务。除此以外，对于设备是否正常运行、生产任务是否顺利完成都将以实时数据传送的方式传达给技术人员，由他们对这些设备进行相应的维护，因此，“数据检验员”是智能制造模式下的第二种角色。

未来的智能制造条件下，人的具体工作任务包括计划、控制、执行、监督、设备维护保养与维修、产品智能化服务等，无人工厂或许只是一种理论上的可能，在实际的生产模式中，由于市场竞争以及产品的更新换代非常迅速，只有人机的有机结合与有效互动，通过数据集成和云技术等现代信息技术和分析工具，将设备和人的优势最大限度地有效利用，才能实现最优精细化生产。在智能制造时代，人的作用并没有降低而是提升了，智能制造取代的是传统的生产模式而不是人的智慧。

3. 智能制造下的人机关系

在智能制造的生产模式下，生产系统中的所有机器设备、物品对象都需要具备信息交换和信息处理的功能。这些信息的交换实际上就是设备与设备之间、人与设备之间、设备与管理平台甚至云端资源的相互连通，正如前文所提到的，我们始终重视人在这一环境下的重要地位，这些连通之中最为重要的是机器与人的共同作用，我们称之为人机协同。在智能制造不断推进的过程中，人在工厂的任务及要求的多样性已经逐渐显现，德国人工智能中心罗斯基博士指出工业 4.0 并不致力于追求无人化工厂，而是通过更理想的操作，把人的自身能力与信息物理系统紧密结合起来。简而言之，智能制造或工业 4.0 追求的是人与生产设备的最优化组合。

1) 人与机器建立新的关系

在智能制造领域，实际上在目前的自动化程度较高的企业，机器人已经非常普遍了。企业在工作环境特殊、劳动强度大的岗位上用机器人来替代人的工作岗位，例如，工程机械公司往往通过采用焊接机器人代替焊接工人，用运输机器人代替仓库管理员、发货员、取料员等，但现在机器人仅仅解决岗位的需求矛盾问题，这些岗位招工比较难，工作风险比较大，因此企业通常首先考虑经济利益和生产的相互协调。

机器人具有通用性和特殊性。机器人不但可以完成一般意义上的装配、加工、焊接、搬运等，如果将其输出输入的信息与人的信息开展交互，使其产生认知能力或感知能力时，就开启了机器人工智能的应用领域。机器人可以成为技术人员的助手，技术人员可以灵活直接地指挥机器人完成或参与具体工作，这里“直接”的意义是非同寻常的。机器人的加工程序不一定需要事先编程而是按照技术人员的要求灵活执行。正如德国弗劳恩霍夫研究所工程师所表述的“人与机器信息交互的目的是利用机器人完成新的任务或在制造流程中直接控制机器人，这种使用机器人的做法特别适用个性化产品而可以节约成本”。

2) 人在智能制造中的关键作用

智能制造时代，工厂中所有设备与设备之间、设备与人之间、人与人之间都可以互通互联，并与云端相连资源互通互联，构建完整的“互联网+制造”体系。智能制造不是机器替代人的劳动，而是人与设备融合为一体，发挥各自的优势，形成新的生产力与创造力。在智能制造中人的作用至关重要，制造标准建模、生产工艺策略、实时监控、现场指挥运行、信息收集和评估、故障预测和排除等都需要人与所有机器配合来完成。技术工人由原来设计工艺路线、选择工具、直接操作设备等人工干预转变为输出数据、评估数据、解读数据、使用数据、优化数据的“数据分析员”。

这个重大的变化实现的标志是整个工厂实现“无纸化”，“数据流工厂”不是“无人化工厂”，在“无纸化”工厂背后支撑的是企业数据平台。在这个平台上用户、设计、环境条件、工艺、制造设备、生产实施、物流配送、产品服务、云计算等互联互通，形成并联式全产业线的企业协同生产与创新的系统，这是智能制造系统的本质。综合分析发现，在智能制造领域人的新任务主要包括：

(1) 解读理解多样化的数据(大数据)，通过标准化处理使其成为能与现实生产对接的有效数据。

(2) 通过调用敏感的重要信息和数据，监管生产过程和质量。

(3) 预先设计标准建模，通过虚拟现实技术模拟生产过程。

(4) 采用动态可视化移动终端收集和使用数据，通过数据流检查设备故障或预测故障，需要时对生产过程进行干预，提供实时的人工支撑。

(5) 建立学习型生产组织，在人机交互的平台上不断改进生产效率，满足个性化批量定制，创新生产模式和服务模式。

3.3　交互人机协同概念

人机交互关键技术的发展迫使过去我们经常在生活中使用的如键盘、鼠标等交互式的设备在很多应用中被更为自然的如电子触摸屏、语音识别控制界面等技术逐渐取代。如今这些更加自然、交互性更强的关键技术展现了如何使人类机器的智能与自然的各种协同作用和力量相辅相成，创造并呈现出一个真正的“人+机器”的自然共生人机交互体系，成为一种最好的人机协同方式。

1. 多点触控技术

多点触控技术是基于光学知识和材料技术，实现一个能够同时检测多个触摸点的触摸设备，用户可以同时使用多个手指进行触摸，实现对用户手势的识别，从而实现基于手势的交互，甚至可以允许多个用户同时操作[79]。

首先，多点触控技术主要分为多点触控硬件和多点触控软件两个组成部分。多点触控硬件部分为多点触控的移动设备采集平台，对多个触摸点的信号同时进行了采集。多点触控软件部分主要实现对多个触摸点信号的自动转换以及触摸手势的自动识别，基于所需要采集的移动用户触摸手势数据，进行触点的自动定位状态监测与手势的跟踪，基于对触摸手势的不同特征进行定义，识别并输出具体的移动用户触摸手势，最后将其中的信号转换出来作为一个面向具体触控应用的移动用户触摸指令[80]。

1) 触点检测和定位

由于多点触控平台图像传感器自身的噪声和外部环境干扰，从红外摄像机获得的原始图像除了手指触点信息外，还存在大量噪声及冗余背景。这对触点检测会有很大影响，故需要通过图像预处理技术来获得一个清晰的图像。图像预处理过程包括灰度变换、平滑去噪、去除背景、图像分割等。

对多点触控的图像进行触点预处理后即可对图像进行手指触点分割，目前常用的触点分割方法主要是当前帧背景图像触点减除法。将当前帧的图像与背景图像相互加减，得到它们之间的灰度差值，即差分图像。若其中某个像素的灰度值远远大于系统设定的阈值，则系统认为当前像素点的位置属于运动目标区域，即触点，否则该像素点属于背景区域。

触点分割后，触点定位分为以下两个步骤：首先，提取所有分割后的触点区域的边界轮廓，并根据面积的大小筛选轮廓，轮廓面积小于一定大小的以及和轮廓外形非凸的需要去除，从而留下真正的触点目标。其次，基于触点轮廓计算手指触摸点的信息(如重心坐标等)，完成触点定位。

2) 手指触点跟踪

完成触点检测和定位后，下一步是对每一个触点进行跟踪，记录下每一个触点的位置变化信息，即轨迹，基于轨迹完成动态手势的识别，最终才能实现基于手势的自由交互。常用的触点跟踪方法有均值平移(mean shift)算法、Kalman 滤波算法、Kuhn-Munkres 算法及连续自适应均值平移(CAM shift)算法等。

3) 触摸手势识别

目前，多点触控交互的设备屏幕上大多数使用单手多指手势或者双手对称手势，例如，通过触点手势控制交互对象的放大、缩小、旋转等，这两种类型的手势已经在交互系统中广泛应用。双手非对称行为是人们日常生活中的自然交互方式，但是在多点触控系统中双手非对称交互目前应用还比较少。

基于触点的检测和跟踪的完成情况，通过触点标记、分析触点的轨迹，识别和理解手势的含义。常用的一种手势识别方法是采用基于隐马尔可夫模型或基于神经网络的数学统计模式识别的方法进行手势识别，其基本思想是：通过提取和输出手指触点的特征，包括触点的数量、中心触点位置、排列的次序、触点移动尺度、总体触点移动的方向等，采用手势样本特征训练分类器，输出手势识别的概率[81]。

2. 手势识别技术

人类的各种手势往往含义丰富，生动形象，能够很直观、明确地表达人类的各种想法，对于人类的手势特征进行的识别是一种较为自然的人机交流模式[82]。人类手势的辨识分类基于不同的实际应用和目的，主要分为通话控制手势、对话控制手势、通信控制手势和重要的操作通信控制手势。我们生活中常见的“手语”实际上就是重要的对话控制手势和重要的通信控制手势，具有明确的手势识别结构，适用于移动计算机的新一代手势交互应用平台。

人类手势的辨识分类是新一代人机交互中不可缺少的一项重要关键技术[83]，但是目前人类的手势本身就已经具有了多样化、多义性、空间差异性的基本特点，并且是人各种手势的复杂形变体，使得人类手势特征识别的相关技术研究具有一定的学术研究价值和意义，这是一个极具学术挑战性的多学科技术交叉结合的研究课题[84]。手势识别按照手势输入设备可以分为两类。

1) 以数据手套为输入设备的手势识别系统

在这类系统中，数据手套作为输入设备，能够获取并且反馈人类手指各关节的数据，而人手所在的三维坐标由嵌入在数据手套中的一个位置跟踪器进行返回，因此，根据人手在三维空间中的位置信息与手指关节的测量数据可以测量分析出人手的手势运动信息。三维空间中人手的位置坐标与手指运动参数都是直接通过该系统获取，数据的准确度高，手势识别的正确率高并且所识别的手势种类较多。

但是该系统存在设备价格高昂、用户长时间携带容易出汗的缺点。

2) 以摄像机为输入设备的手势识别系统

以移动摄像机系统为主要输入设备的移动手势识别系统中，手势图像数据信息的采集和处理可以直接使用单个或者多个摄像头和移动摄像机完成，计算机手势识别系统可以根据所需要采集的手势图像处理数据和信息自动进行对手势的计算和识别。虽然摄像头和移动摄像机的价格相对于传统的数据识别手套廉价许多，但是其手势识别和手势计算的过程较为复杂，识别率和数据实时性都相对较差。其优点主要是系统使用方法简单灵活，对用户的依赖与相互干扰较小，是更加自然和直接的一种人机交互方式。基于视觉的移动手势计算和识别技术是一门主要涉及模式识别、神经网络、人工智能、数字图像处理、计算机工程学和计算机视觉等多个领域和学科的综合性交叉应用研究技术领域。对手势分割、特征的分析提取和建模以及手势识别是这一研究任务的主要内容和组成部分。

(1) 手势分割。

手势分割的结果与用户手势识别率、识别场景下手势背景的物理复杂程度以及物体光照强度有关，因此，在大多数手势识别的任务中，都可以根据需要对用户的手势、背景、光照等信息以及画面、视频的图像采集信息进行处理和相关约束。不同类型的手势识别图像可以采用不同的手势分割处理方法：一是基于物体直方图的信息分割，即阈值分割法；二是基于物体局部和区域信息的曲线图分割；三是基于颜色等物理特征的分割方法。这三种方法分别适用于大多数的手势分割任务，对于不同分割类型的手势图像，这三种方法的分割效果可能会有明显的差异。例如，基于物体直方图的信息分割方法仅仅适用于目标物背景简单的手势图像，对于目标物背景复杂的手势图像其分割结果可能较差；而基于颜色等物理特征的分割方法可能无法在目标物与其背景的灰度差别较小时得到较明显的图像边缘。

(2) 特征的分析提取和建模。

手势的几何纹理特征如手势轮廓形态的变化、运动的轨迹、纹理肤色表征等在完成手势分析识别的任务中起着关键作用。通常情况下，我们主要是运用手势的特征如轮廓、边缘、图像矩、图像的特征向量以及轮廓区域直方图这样的几类信息作为手势分析识别时所需要提取的数据和特征。目前，根据分析手势轮廓区域的各种几何纹理特征包括手的运动重心、手指的方向、手势的形状或者是手掌其他的特征包括手掌的形态、手掌运动重心轨迹、手掌的纹理和肤色等进行手势分析识别的系统应用较为成功。

(3) 手势识别。

手势识别的主要技术分为以下三类：第一类为模板匹配技术，将手势的特征数据与预先设定的手势模板参数进行匹配，计算两者的相似度，得到匹配结果，进行手势的识别。第二类为统计分析技术，基于传统的概率论手势分类方法实现，需要从原始的数据中抽取手势样本的特征向量，对所抽取的手势样本特征向量进行准确的分类。第三类为神经网络技术，基于神经网络对手势特征进行深度学习，由于神经网络技术具有自组织和自学习能力，能对噪声信息进行有效的识别和处理，并且还具有较好的可移植性。

3. 表情识别技术

人脸的表情识别技术在近些年得到飞速发展。因为人脸的具体表情实际上是对人类心理活动的一种直观反映，包含着丰富的行为状态信息，因此，表情识别技术有利于准确理解人类的情感等心理行为状态，可以及时进行有效的人机交互[85]。目前记录人脸的信息主要分为以下两类：一类主要是记录人脸的表情数据库，主要将表情分为六种基本的感情，即生气、厌恶、害怕、悲伤、高兴和吃惊；另一类则是特别注重对面部细微动作以及表情的记录和提取，形成一套对面部细微动作的编码处理系统。编码处理系统将人脸表情划分为 44 个运动单元，用来记录和描述人脸在面部的细微动作以及表情的变化，这些运动单元主要显示了人脸运动与其表情的各种对应关系。人脸的表情数据库和面部行为编码系统(facial action coding system，FACS)的形成和提出为目前现有的大多数人脸表情图像识别技术工作的开展奠定了紧密相关的理论基础，具有重要的科学技术研究和应用意义[86]。

人脸表情图像识别的预处理过程一般可以分为三个主要部分，主要包括对人脸表情图像的获取与预处理、表情特征提取和对表情的分类。表情特征提取工作是人脸表情图像识别预处理过程中最为关键的一部分，表情特征提取识别工作的有效性能够大大提升人脸表情识别任务的效率和性能[87]。目前常用的人脸面部表情特征主要分为灰度特征、运动特征和频率特征三种[88]。其中灰度特征根据人脸表情图像上不同表情的主要灰度特征值对表情进行识别；运动特征根据人脸表情图像上在不同情况下人脸主要表情点的运动信息对表情进行识别；频率特征根据人脸表情图像在不同的频率分解情况下的差别信息对表情进行频率识别。

具体来说，特征识别方法主要有三类，包括整体特征识别法和局部特征识别法、形变特征提取法和运动特征提取法、几何特征提取法和容貌特征提取法。

1) 整体特征识别法和局部特征识别法

在传统的整体特征识别法中，始终将图像中人脸的表情作为一个整体进行综合考虑，找出不同的图像中脸部整体的表情差别；而相对应的是局部特征识别法，将图像中人脸的各个部位表情分开进行识别，不同表情部位的人脸表情的识别权重不同。例如，人的眼睛、眉毛、嘴往往都是人脸的表情内容显露较为丰富的地方，那么在局部特征识别时对于这部分的表情进行识别和分析就较多，而像鼻子这类部位在人脸的表情变化时发生的局部变化较少，那么对于鼻子的表情识别和分析就往往可以极大地减少，这在一定程度上也加快了表情识别的速度与准确性。

2) 形变特征提取法和运动特征提取法

形变特征提取法的主要目的是用来识别出人脸在表达不同表情时各个部位的人脸形变情况和面部运动情况；运动特征提取法的主要目的是用来识别出当人在需要表达一些特定的人脸表情时，一些特定的面部表情部位所做出的相应的特定运动变化。

3) 几何特征提取法和容貌特征提取法

几何特征提取法是根据一个人的身体或者面部的各个主要部分的几何形状和其位置(包括嘴、眼睛、眉毛、鼻子等部位)来计算和提取人脸几何特征的向量，该几何特征向量准确地代表了整体人脸的几何特征，不同的人脸几何特征向量对应着不同的容貌和表情，由此我们可以根据这个人脸几何特征向量准确地进行容貌和表情的计算和识别；在人脸容貌特征法中，主要方法是将一个整体人脸或者是局部人脸通过对图像滤波以计算得到特征向量。

这三种识别方法在实际的应用中并非严格独立，而是相辅相成、相互影响，多种识别方法的相互融合使得人脸表情的识别准确性有大幅度的提升。

4. 语音交互技术

语音交互技术主要包含语音合成和语音识别，主要是用户通过语音和计算机进行信息交流。其中，语音识别以语音为主要的研究对象，对所需要获取的语音信号进行数字化处理和模式识别，从而使得计算机能够有效地自动识别和准确理解人类所说的语音对话。目前世界上主流的计算机语音自动识别技术主要是基于统计的模式识别方法和基本理论。计算机的语音识别过程类似于人对于语音识别的处理过程。语音识别系统本质上来说就是一种模式识别的系统，包括语音识别预处理、特征提取、模式匹配、语义理解等四个主要功能模块。

1) 预处理

预处理主要应用语音音频信号的正确采样、反混叠带通滤波，去除不同个体发音差异和由设备、环境等各种因素所引起的噪声影响。预处理还主要涉及应用语音识别基元的正确选取和端点检测等问题。

2) 特征提取

模拟的语音信号在完成模/数转换后，仍然难以被直接利用，因此需要提取出语音中一些能反映其本质特征的重要声学物理参数，如平均能量、平均过零率、共振峰等。

3) 模式匹配

模式匹配是语音识别过程中的关键组成部分。在语音识别时将输入的语音特征同声学语音模型进行匹配与比较，得到最佳的语音识别结果。目前采用最广泛的语音建模识别技术主要是隐马尔可夫模型建模和上下文相关建模。

4) 语义理解

识别后的结果需要进行语义理解，计算机对识别结果进行语法语义分析，根据分析结果对语义进行理解。这通常使用语言模型实现。其中，统计语言模型最为常用。统计语言模型实际上是一种自然语言处理任务中为描述上下文相关特性建立的一种数学模型，用于描述词、语句乃至整个文档这些不同的语法单元的概率分布，衡量某句话或者某个词序列是否完全符合所处的语言环境或者人们日常的行文、说话方式，其中 *N*-Gram(*N* 元语法)统计语言模型简单有效，被广泛使用。*N*-Gram 统计语言模型基于这样一种简单的假设，假定一个文本中的每个单词 w 和前面的 $N-1$ 个词有关，而与更前面的词无关，这样当前词 w 的概率只取决于前面 $N-1$ 个词的概率，也就是各个词出现概率的乘积。常用的是二元的 Bi-Gram 模型和三元的 Tri-Gram 模型。

语音识别系统选择语音识别基元的基本要求是：语音识别基元具有准确的定义，能得到足够的数据进行训练，具有一般性。例如，英语通常需要采用上下文相关的音素进行建模，汉语的协同发音问题不如英语严重，可以考虑采用音节建模。语音识别系统所需的训练数据大小与所采用的模型性能复杂度有关。如果模型设计得过于复杂以至于超出了所提供的训练数据能力，会直接使系统的性能急剧下降。

语音识别系统的准确性受许多环境因素的共同影响，如不同的说话人、说话的方式、环境中的噪声、传输信道等。为了提高系统语音识别的效率和准确性，需要充分考虑以上各种因素的影响，提高语音识别系统在不同语音环境下的准确性和适应能力，从而大大提高系统的鲁棒性。

5. 眼动跟踪技术

人的具体思想和意图可以通过眼球的运动得到充分反映，基于人们所看到的各种事物采取实时眼动跟踪研究的手段和方法可以充分确定他们的意图以及思想内容。对人们眼球的位置和运动情况进行实时跟踪，实际上就是测量眼球运动，通过记录眼动的注视跟踪时间、位置、轨迹等相关的指标信息来了解人们对于实时信息的分析获取和加工过程[89]。眼动跟踪技术的应用和研究通常交替使用眼睛跟踪、凝视跟踪或眼睛注视跟踪等。

1) 眼动的概念

眼动的方式比较复杂，主要有注视、眼跳和平滑尾随跟踪。

(1) 注视。注视表现为眼球视线在被观察物体目标上的移动和停留，这些在目标上的停留一般可以持续 100～200ms。在进行注视时，眼并不绝对地静止，眼球为了能够看清被观察物体不断有微小的运动，其幅度一般小于 1°视角。绝大多数信息只有在进行注视时才能获取并对其进行加工。

(2) 眼跳。视线的运动通常表现为点到点的跳跃式扫描，其视角运动范围一般为 1°～40°，持续时间为 30～120ms，最高速度一般为 400(°)/s～600(°)/s。在眼跳动期间，由于图像在人眼视网膜上的移动速度过快和眼跳动时视觉阈值限度的升高，几乎无法获得任何有效的视觉信息。

(3) 平滑尾随跟踪。眼睛能缓慢、平滑、联合地追踪一个运动速度为 1(°)/s～30(°)/s 的运动目标。平滑尾随跟踪通常需要有一个缓慢移动的跟踪目标，在没有跟踪目标的情况下，一般不能正确地执行。

2) 视线跟踪基本参数

提取眼球运动所包含的信息不仅需要了解视线运动的基本特征，还需要对眼动参数进行合理的界定，视线跟踪的基本参数如下。

(1) 总注视次数。总注视次数是衡量搜索效率的一个重要指标，注视次数越多，可能意味着搜索区域的布局越不合理。但有时候也应该重点考虑总注视次数和所需执行时间的关系(例如，搜索任务执行时间越长，需要的注视次数也越多)。

(2) 注视持续时间。注视持续时间反映的是提取信息的难易程度。注视持续时间越长，意味着被测试人员从屏幕上显示的区域获取信息越困难。

(3) 注视次数。注视次数是显示一个区域重要程度的标志。显示区域越重要，被用户注视的次数也就越多。

(4) 注视点序列。通过注视点在兴趣区之间的序列排列转换，可以直接得知每一个用户进入兴趣区注视点的前后排列顺序，以及用户思路的转换流程，能够有效度量整个用户界面设计和布局的准确性和合理性。

(5) 第一次到达目标兴趣区的时间。当用户在显示区域搜索特定的兴趣目标时，第一次通过搜索后到达特定目标位置的时间就是第一次到达目标兴趣区的时间。第一次搜索到达目标兴趣区的时间越短，说明用户越容易注意并找到目标区域，其也是对用户界面整体布局的准确性及合理性进行度量的一个重要指标。

(6) 注视点覆盖率。注视点覆盖率是注视点到达的区域在整个显示区域中所占的比例。比例越小说明注视点到达的区域越少，整个显示区域传达的内容分配越集中。反之，比例越大说明注视点到达的区域越多，整个显示区域传达的内容分配越均匀。

3) 眼动测量方法

眼动测量方法首先经历了早期的直接观察法、主观感知法，后来逐渐发展为瞳孔角膜反射向量法、眼电图法、虹膜-巩膜边缘法、角膜反射法、双普金野像法、接触镜法等。

(1) 瞳孔角膜反射向量法。首先利用眼摄像机拍摄眼睛的图像，接着通过对图像的处理可以得到瞳孔的中心位置。然后把角膜的反射点位置作为眼摄像机和眼球相对位置的基点，通过图像处理得到的瞳孔中心位置即可直接得到相应的视线向量坐标，从而确定了人眼的注视点。这种方法基本上应用于人眼注视点的标定检测，精度较高，干扰较小，头部的误差也较小，这种方法也是现在的眼动追踪技术中使用最广泛的方法。

(2) 眼电图法。眼球在正常的情况下由于视网膜的代谢功能水平相对较高，因此位于眼球后部的视网膜与前部的角膜之间存在着一个数十毫伏的静止电压，角膜区的电压为正，视网膜区的电压为负。所以随着眼球快速地转动，眼球周围的电势也发生变化；将两对氯化银皮肤表面电极分别置于眼睛左右两侧及上下方，就能引起眼球运动变化方向上的微弱电信号，经放大后得到眼球运动的位置信息。

(3) 虹膜-巩膜边缘法。此方法首先是利用红外光来照射人眼，在我们眼睛附近安装的两只红外光敏管用来接收巩膜和虹膜边缘处两部分反射的红外光。我们接收到的红外光会随着眼睛的运动而发生变化，当眼球向一侧运动时，虹膜就会逐渐转向这边，这一侧的光敏管所能够接收的红外线就会逐渐减少；而另一侧的巩膜反射部分会逐渐增加，导致这边的光敏管所接收的红外线增加。利用这个差分信号就可以完全无接触地测出眼动。这种差分标定方法主要应用于眼动力学、注视点的标定方面，它的水平精度较高，垂直精度较低，干扰大，头部误差大。

(4) 角膜反射法。角膜反射光就是角膜反射光线照射在角膜表面上的光线。光线在经过角膜的反射后会形成一个巨大的亮点，即角膜反射光斑。在人眼中，角膜凸出于整个眼球的表面，因此当人眼运动时，光线从各个方向和角度射到人的角膜，得到不同角度和方向的反射光，角膜反射光斑的位置也就随之在角膜上发生改变，利用眼摄像机可以拍摄人体眼睛运动的图像，记录角膜反射光斑位置的实时变化，利用图像处理技术得到虚像的位置，完成眼睛视线的实时跟踪。这种方法主要是应用于眼动力学和注视点标定这两个方面，但是头部误差较大。

(5) 双普金野像法。普金野的图像主要是由眼睛的若干光学界面进行反射所形成的图像。角膜所反射出来的图像是第一普金野图像；从角膜后表面反射出来的图像微弱些，称为第二普金野图像；从晶状体前表面反射出来的图像称为第三普金野图像；由晶状体后表面反射出来的图像称为第四普金野图像。通过对两个普金野图像的分析和测量，可以确定眼睛所注视的位置。

(6) 接触镜法。此方法是将一块反射镜固定在角膜或巩膜上，眼球运动时将固定光束反射到不同方向，从而获得眼动信号。

6. 笔交互技术

基于笔的交互技术充分利用触摸屏、压力传感器等技术，能够准确获取用户交互动作的轨迹和强度，通过识别算法实现用户交互动作的识别和响应，从而保证用户在使用软件交互的过程中能够遵循纸笔的日常书写习惯，达到自然简单的交互效果。因此，基于笔的交互技术是一种重要的新型人机交互技术，其直接有效的交互模式使其成为未来人机交互技术的关键发展方向。与使用鼠标、键盘和语音等传统的输入方式相比，笔输入方式具有较高连续性，使用笔的连续线条绘制可以产生更多的字符、手势或图形特点。其主要优点就是携带方便，输入的带宽信息大，输入时间延迟小。它的缺点主要是翻译困难和文字再现精度低，例如，很难用笔画出两条完全相同的线。

目前，笔输入界面相关的研究主要集中在使用模式识别的方法上，利用笔输入作为文本信息输入的工具和手段，或者是将笔输入代替鼠标。由于笔的实际应用仍然主要停留在鼠标的功能层面，所以界面的形式仍然停留在传统形式上。因此，这些研究成果不能直接从根本上解决目前使用计算机的输入问题。要从根本上解决这个问题，笔式输入必须提升到界面软件的高度，必须从笔输入理论、方法和实际应用三个层面进行深入研究，形成笔输入界面软件开发的理论基础、开发方法和技术支持环境，并针对不同的应用领域分别进行笔输入界面软件的个性化设计和应用开发。

手写识别技术是笔交互过程中的一项基本技术。它在广义上是指将在手写识别设备上书写生成的有序轨迹信息转换为文字内码的过程。事实上，这是从手写轨迹的坐标序列到文字内码的一种映射过程，它也是目前人机交互最自然、最方便的手段之一。手写识别属于文字识别和模式识别的范畴。从其识别方式和过程的角度来看，文字识别主要可以再细分为脱机识别和联机识别两种方式。脱机识别就是机器对于已经写好或印刷好的静态语言文本图像的识别；而联机识别是指用笔在输入板上写，用户一边写，机器一边进行识别，可进行实时人机交互。手写体识别的方法和识别率取决于对手写约束的层次，这些约束主要是手写的类型、用户的数量、词汇量的大小以及空间的布局。显然，约束越宽识别越困难。

7. 交互系统

交互系统由四个要素组成，即用户、场景、行为、产品。该系统的关键在于满足用户与其他方面的交互需求。其中，行为要素可以理解为特定场景下用户为解决某种需求而进行的行动。产品要素可以理解为支持用户行为的技术方式。用户的行为和支持该行为的技术是动态演变的，行为可以激发技术的升级，技术的升级也会带来交互方式的革新。另外，行为和技术手段都会受到场景的影响。

更好的交互系统需在可用性和体验性两个层面达到要求。这是由交互系统的组成要素决定的。下面分别从可用性和体验性进行分析。

(1) 可用性。可用性的概念主要是指产品在特定使用环境下为特定的用户提供特定的产品用途时所达到的有效性、效率、满意度。有效性指产品的功能是否可以解决用户问题，功能是否达到预期。效率指产品是否易用，使用产品解决问题过程中的难易程度。满意度指使用产品的过程中或使用后，需求被满足后的愉悦感。

(2) 体验性。根据《情感化设计》[90]一书中首次提出的用户本能、行为和反思三个层次的水平，用户的体验也可以划分为三个层次。

① 直觉体验(体验作为一种下意识的反应)：用户在看到界面或接收信息后的本能感受。

② 过程体验(体验作为一种过程)：在体验的过程中或完成体验后带来的感觉(行为层)。

③ 经历体验(体验作为一种经历)：在过程结束后，体验的记忆将恒久存在(反思层)。在对每一层进行细化后，可以得出用户体验目标架构。

8. 可视化分析与技术

计算机系统在各个领域的广泛应用直接导致了海量数据的产生。由于计算机数据处理和分析能力存在一定的发展滞后问题，迫切需要进一步研究和开发新的信息处理的技术和方法。基于此，海量、异构、时变、多维等计算机数据的可视化与分析越来越被重视，并在各个领域得到广泛应用。

1) 可视化概述

测量的自动化、网络的传输和处理过程的数字化和大量的计算机仿真产生了大量的数据，这些都是人类无法进行分析和正确处理的。因此可视化为研究和解决这一复杂问题的可能性提供了一种新的方法和工具。从广义角度来讲，可视化是指使复杂信息易于被人们快速理解的一种手段，是一种关注信息重要特征的信息压缩语言，是一种能够扩大人的感知的图形表示方法。

可视化技术将复杂的数据、信息和知识的结合转化为一种可视化的表示并使人们能够获得对复杂数据更深入的认识和理解。可视化作为一种新型的、能够快速放大有利于人类理解和感知复杂数据、信息和知识的手段，越来越多地受到人们的重视并逐渐得到广泛的研究和应用。可视化可以应用于简单的可视化问题或复杂的信息系统状态的表示。从可视化的表现中，人们可以快速发现新的线索、新的联想、新的结构、新的知识，促进人机系统的紧密结合，促进科学决策。可视化的过程充分利用计算机图形学、图像处理、用户界面、人机交互等关键技术，直观准确地显示科学计算的中间结果和最终结果。可视化技术的特点是充分利用人们习以为常的形式、图形、图像等方法，结合信息处理技术，来准确表达客观事物及其内在的关系。这种可视化结果极大地方便人们对事物的记忆和理解。可视化提供了与人机信息处理系统之间的接口。可视化在人机信息处理和表达方面仍然具有许多其他的方法和技术无法替代的优点。其主要特点可以概括为信息的可视性、交互性和多维性。

2) 可视化分析

可视化分析是一种通过可视化用户界面辅助分析推理的方法。用户利用可视化分析工具作为浏览和探索数据的媒介，通过查看大量动态变化的电子数据从中寻找普遍规律，或者试图从数据中找到可以帮助验证猜想的证据，检测不符合预期的异常数据。在如今的大数据时代，电子数据的产生与更新速度日新月异，数据的规模与复杂程度都已远远超出人类过去所具备的数据分析能力。

近年来数据挖掘和机器领域中许多自动化数据分析方法的出现在一定程度上缓解了数据飞速增长带来的问题，在许多传统行业中，这些数据分析方法得到了迅速普及，然而大多数行业的数据工作并不具备数据挖掘或机器学习的背景，无法完全理解和信任复杂的机器学习模型所计算得到的结果，往往仍然是由人来进行最终的判断与定夺，如电子医疗病例分析中诊疗方案的确定、电子金融数据分析中的资金决策等。这就要求数据分析人员了解数据的具体组成，理解分析结果的来源，结合领域知识对分析结果进行验证，从而做出有效的判断和决策。

可视化分析工具的出现就是为了帮助数据分析工作者在分析海量数据时拥有一种辅助决策的工具，尤其是没有数据分析背景的领域专家，为他们在制定决策方案时提供数据挖掘和机器学习模型到传统领域知识之间的桥梁，结合有效的分析方法及灵活的交互操作，帮助数据分析人员探索大量且复杂的数据，分析并捕捉其中隐藏的数据规律，辅助分析人员解释并理解分析的结果，使其更加有效地解决相应问题。

总而言之，可视化分析可以看成是可视化、数据分析和交互这三个学科领域的结合，如图 3.4 所示。

其中可视化领域包括数据可视化、科学可视化、信息可视化和知识可视化；数据分析领域涉及数据挖掘和信息检索；交互领域涉及人机交互、认知心理学、感知学等知识。在传统数据分析的基础上，可视化分析更加注重信息的视觉展示以及人的感知及反馈。可视化分析过程就是将自动化分析模型与信息的可视化展示通过用户交互和反馈相连通的过程，如图 3.5 所示。

由于在许多应用场景中，异构的数据需要被预先整合才能送入模型进行训练或可视化展示，因此，可视化分析流程的第一步就是数据预处理，包括数据转换、数据清洗、归一化等。在数据预处理之后，数据的分析方式包括两种，一种是直接进行可视化展示传递给用户，另一种是通过后台的自动化算法分析后传递给可视化模块进行展示。根据直观的可视化展示，数据分析人员不仅可以通过展示界面对数据和分析结果进行交互，如对某一个子数据集合进行分析，选择分析模型

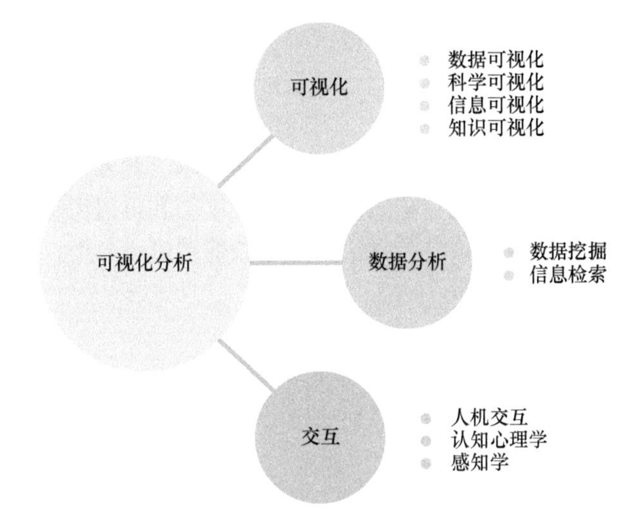

图 3.4　可视化分析构成

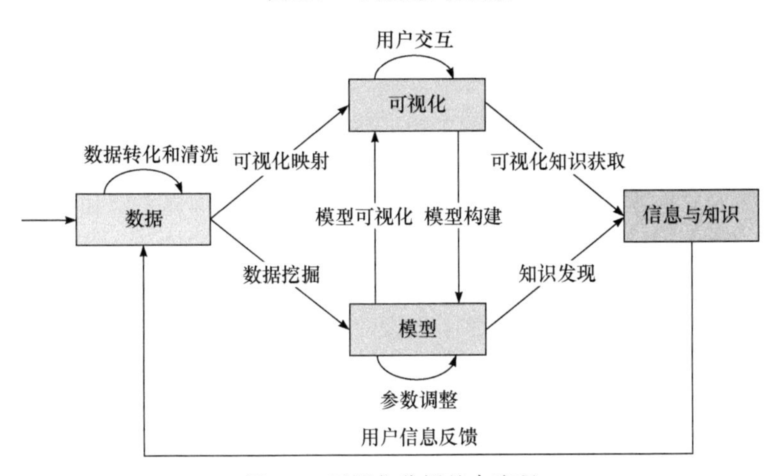

图 3.5　可视化分析基本流程

或是指定分析的参数等，而且可以根据分析结果衡量和评估模型传达的结果是否有效。这种允许用户可以不断地通过交互来深入理解数据特性的方法，使得数据分析结果比传统的自动化数据分析方法更有效，分析得到的结果也更加可靠。

3) 可视化技术

目前，可视化的技术领域主要包括数据可视化、科学可视化、信息可视化和知识可视化。这些技术的概念和应用都是不同的、交叉的并且密切相关的。

(1) 数据可视化。

数据可视化技术是指利用计算机图形学和数字图像处理技术将数据转换成图形或图像在屏幕上显示，并进行交互处理的理论、方法和技术。

数据可视化的关键在于，在二维或三维空间中显示多维数据，这对于数据分类的初步理解具有重要意义。鉴于此，数据可视化技术有很多，一般可以分为散点矩阵法、投影矩阵法、平行坐标法、面向像素的可视化技术、层次化技术、动态技术、图标表示技术、直方图方法和一些几何技术，此外，采用主成分分析、因子分析、投影寻踪、主曲线、主曲面、多维尺度图和自组织映射等方法将多维变量表示为二维变量。根据该分类算法，数据被简单进行分类，便于用户理解每个数据的特征属性之间的关系。

(2) 科学可视化。

科学可视化是指利用计算机图形学和图像处理技术，将工程测量数据、科学计算过程中产生的数据和计算结果转换成图形图像并显示在屏幕上，进行交互处理的理论、方法和技术。

科学计算数据可以分为结构化数据、非结构化数据和混合数据。或者，科学计算数据也可以分为标量数据、矢量数据和张量数据。科学计算可视化技术在实践中有两大主要难点：一是分类研究如何判断可视化对象的类别；二是如何绘制和显示图像，如何使其在计算机屏幕上真实有效地进行显示，也就是可视化，以便于用户在屏幕上可以交互式地操作和查看。

科学计算数据的三维重建方法大致可以划分为表面重建绘制和体绘制。

传统的表面重建绘制方法首先在三维空间数据场中构建平面和三维曲面等中间几何体，然后利用计算机图形学技术实现物体的绘制和显示。其基本思想主要是首先提取用户感兴趣对象的表面信息，然后根据光影模型采用渲染算法进行着色和光影渲染，得到最终的物体显示图像。

体绘制技术是一种直接从三维数据场在屏幕上生成二维图像的技术。体绘制技术主要研究如何有效地表示、维护和管理体数据集，以便于更深入了解数据的内部结构和材料的复杂特性。体绘制技术的最大特点和优势在于能够探索物体的内部结构，描述如肌肉等一些非晶物体，而传统的表面绘制方法在这些方面相对较弱。

(3) 信息可视化。

信息可视化是利用计算机支持的、交互式的、可视化的抽象数据表示，来增强和提高人们对这些可视化抽象数据信息的认识和理解。信息可视化是对非空间数据信息对象的特征值进行提取、转换、映射、高度抽象和集成的过程，通过图形、图像、动画等手段来表示信息对象的内容特征、语义、视频和语音，它们的可视化由不同的模型实现。

信息可视化研究是以人和计算机为代表的交互技术。其中人机交互是专门研究人、计算机之间信息及其交互的技术。信息可视化可以看成是从数据信息到可视化形式再到人类感知系统的可调映射。信息可视化可分为七类：一维数据、二维数据、三维数据、多维数据、时态数据、层次数据和网络数据。

(4) 知识可视化。

知识可视化是在科学计算可视化、数据可视化和信息可视化的基础上进一步发展起来的一个新的研究领域。其中视觉的表征技术是一种促进人类群体知识传播和创新的重要手段。

知识的可视化技术研究视觉表征在促进两人或两人以上的复杂知识信息传递和创新过程中的重要作用。这样，知识可视化技术就是指所有可以用来构造和表达复杂知识的图形化手段。知识可视化的目的除了传递事实信息外，还在于传递观点、经验、态度、价值观、期望和预测，从而能够帮助他人正确地重构和应用这些复杂知识。知识可视化与信息可视化有着本质的区别。信息可视化的目标是从大量的抽象数据中发现一些新的思想，或者简单地使存储的数据更易于访问；而知识可视化是通过提供一种更丰富的表达方式来提高人们之间的知识传播和创新。

4) 交互可视化

随着大数据时代的到来，如何挖掘海量数据中隐藏的价值信息成为一个重要的研究课题。可视化技术的发展为挖掘和理解数据信息提供了有效的保障。但随着数据类型的增加，传统的静态可视化技术已经无法满足当前用户探索数据隐藏信息的要求，因此，动态的交互可视化分析技术逐渐兴起，受到越来越广泛的关注与使用[91]。

相较于静态的可视化技术来说，动态的交互可视化技术更专注于图形的可视化，在与用户交互的过程中，改进用户的访问信息或与信息交互的方式，从而能够通过用户、界面、网络的交互过程弥补静态可视化灵活性较差、视觉分析薄弱等缺点。交互可视化的最大特点在于它的可交互性，具有与人类交互的方式，如单击按钮、移动滑块等，能够在足够短的时间内对用户的输入进行响应，并显示输入与输出之间的真实关系。交互可视化使得用户能够使用动态图标界面，根据查询或选择等操作更改界面形状或颜色来探索、操作和交互数据。其中最为重要的是，交互可视化可以更好地访问实时数据，这种实时性使得数据在各种组织活动报表中具有极高的业务价值，在数据发生变化时，用户对于数据的实时更新有一定的掌握，从而更好地做出最准确的决策。

(1) 交互可视化的特征。

① 可视化呈现形式多样。静态的可视化工具主要使用自动图形布局算法，呈现的可视化效果往往是静态的图形，并且以固定的角度展开视图，可传达的信息量较为有限，传达形式较为单一。相较而言，动态的交互可视化通常以用户为主体，可以按照用户的意图对数据进行多角度的、反复的探索查询，在不断迭代的过程中，获取到对用户更有价值的信息，以人类的思维方式探索数据，以多样化

的形式展现数据。

② 交互性强。静态可视化的主要缺陷就在于限制了用户与可视化工具之间的交互，数据与用户之间的传递是单向的，而动态的交互可视化分析就展现了强大的优越性。它能够通过与用户不断的交互，根据一些设置的可控部件使得用户自主挖掘探索所需要的数据信息，从而针对不同的需求获取到对用户来说有价值的信息，提高数据的利用价值。

③ 激发用户视觉思维。动态的交互可视化可以从多个角度根据用户的需求呈现数据视图，并且用户可以进行相关的操控来获取对自己有用的数据信息，在不断的交互过程中获取潜在的隐藏信息，因此动态交互可视化能够激发用户的视觉思维。

(2) 交互可视化下的数据分析。

数据分析在人类生产生活中占据不可或缺的地位，是一项基础的人类技术活动，它能够帮助人们解决重要的社会和科学问题，更详细地说，是通过某种形式，以较为简单、直观的方式帮助人们提高对复杂现象的理解，从而帮助人们更迅速、准确、有效地解决问题。数据分析的任务在我们的生活中很常见，例如，在商业智能中，帮助公司认识到问题进行改进；在社会舆论分析中，对大量医学评论进行筛选，从数以百万计的评论中发现疑问，识别出值得关注的评论以监测医疗事故的进展，识别和理解人们与医生及其服务之间存在的问题。可以看出，当人们谈论数据分析问题时，往往将目标描述为理解某些东西，因此，可以认为，数据分析任务的主要目的实际上就是通过数据更好地理解某些东西。

在交互式场景下的数据分析工作，主要以循环的方式进行，如图 3.6 所示。数据分析工作者从某个松散指定的目标开始，将目标转换为一个或多个问题，组织和分析数据来回答这些问题，产生新的问题并重新开始，从而形成一个循环的过程[92]。

为了更清晰地描述这个过程，我们将其主要分为以下七个步骤。

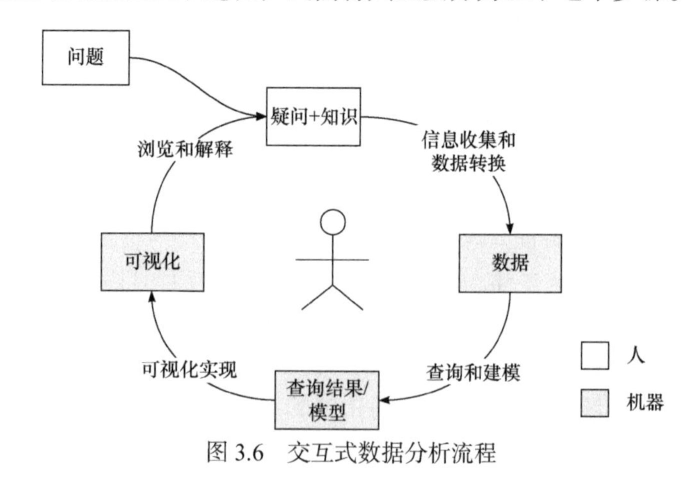

图 3.6　交互式数据分析流程

① 定义问题。每一个数据分析任务需要解决的问题是什么？数据分析最终的目标是什么？如何从数据分析中获得更多有用的信息来接近这个目标？

② 生成问题。对问题进行定义之后，需要将问题隐式地或者显式地转换为数据分析问题。

③ 收集、转换和熟悉数据。一些任务中有些数据直接可用，而有些需要进行一定程度的数据搜索或生成。在数据分析场景下，要求分析人员熟悉任务内容及其含义，并执行多项转换。数据分析人员不仅仅需要熟悉数据，如对数据进行切片、切割和聚合处理，还要对目标的任务分析做好准备。

④ 建立模型。建立模型的步骤并非所有任务都需要。当通过建立模型可以更容易地解答问题时，使用机器学习或数据挖掘的方法可以对问题的解决起到一定辅助作用。虽然建模人员谈论的大部分内容只是预测，但模型对探索和生成假设来说依然是非常强大的工具。可以用于此步骤的方法包括聚类、降维、简单回归和将文本转换为有意义的数字等各种自然语言处理方法。

⑤ 可视化数据和模型。可视化是人类眼睛能够直接观察数据的第一步。在这一阶段，表格和列表往往是非常合理的可视化表达形式。从数据转换和查询(或从某些模型)获得的结果被转换成人的眼睛可以消化并能够理解的内容。这是数据可视化者热爱的一步。

⑥ 诠释结果。一旦结果生成并以某种视觉形式呈现，就需要有人对其进行解释。这是至关重要的一步，也是经常被忽视的一步。展示屏幕背后有这样一个人，他需要理解所有这些彩色点和数字的含义。这是一项复杂的操作，包括以下步骤：理解如何阅读图表，理解图表针对感兴趣的现象传达了什么信息，将问题的结果与问题已有的知识联系起来。注意，这里的诠释很大程度上受已有知识的影响，至少包括领域问题、数据转换过程、建模和可视化表达的知识。这是可视化和分析另一个经常被忽视的方面。

⑦ 生成推论并引出更多问题。所有这些步骤最终会产生一些新的知识，并且在大多数情况下，还会产生额外的问题或假设。这是数据分析的一个有趣特性：它的结果不仅是答案还有可能是问题；我们希望能引出更好、更准确的问题。这一步骤有一个重要点是，可能会产生不正确的推论。因此，并非所有的过程都必然带来积极的结果，也不是所有的分析都同样有效。

3.4　交互人机协同场景

3.4.1　智慧城市

智慧城市是指综合利用各类信息技术和产品，以“数字化、智能化、网络化、互动化、协同化、融合化”为主要特征，通过对城市内人与物及其行为的全面感知和互联互通，大幅优化并提升城市运行的效率和效益，实现生活更加便捷、环境更加友好、资源更加节约的可持续发展的城市。智慧城市以物联网、云计算等新一代信息技术以及各种社交网络、购物网络、互联网金融等综合集成工具和方法为基本应用，对生产、生活和城市管理实现全面透彻的感知、宽带泛在的互联、智能融合的应用，是一种全方位、全体系、全过程创新的城市形态，形成以智慧技术高度集成、智慧产业高端发展、智慧服务高效便民为主要特征的城市发展新模式。智慧城市是新一轮信息技术变革和知识经济进一步发展的产物，是工业化、城市化与信息化深度融合的必然趋势[93]。

利用智慧技术，建设智慧城市，是当今世界城市发展的趋势和特征。“智慧城市”的理念就是把城市本身看成一个生态系统，城市中的市民、交通、能源、商业、通信、水资源等构成一个个子系统。这些子系统形成一个联系、相互促进、彼此融合的整体。在过去的城市发展过程中，由于科技力量的不足，这些子系统之间的关系无法为城市发展提供整合的信息支持，而在未来，借助新一代的物联网、云计算、决策分析优化等信息技术，通过感知化、物联化、智能化的方式，可以将城市中的物理基础设施、信息基础设施、社会基础设施和商业基础设施连接起来，成为新一代的智慧化基础设施，使城市中各领域、各子系统之间的关系显现出来。

智慧城市意味着在城市不同部门和系统之间实现信息共享和协同作业，更合理地利用资源，做出最好的城市发展和管理决策，及时预测和应对突发事件和灾害。建设智慧城市，实现以“智慧”引领城市发展模式变革，将进一步促进信息技术在公共行政、社会管理、经济发展等领域的广泛应用和聚合发展，推动形成更为先进的区域发展理念和城市管理模式。

2008 年，智慧地球的概念被提出，目标是落实到公司的解决方案，如智慧的交通、医疗、政府服务、监控、电网、水务等项目。2009 年 8 月，IBM 公司《智慧地球赢在中国》计划书发布，为中国打造六大智慧解决方案，即智慧电力、智慧医疗、智慧城市、智慧交通、智慧供应链和智慧银行。2009 年，智慧城市的建设已陆续在我国各层面展开。2013 年，我国设立了第一批智慧城市试点，引爆了智慧城市在中国的落地建设。2019 年，中国成为世界上智慧城市数量最多的国家，云服务、大数据、物联网等技术快速迭代，催生了数量众多的商业应用和创新。

智慧城市是运用物联网、云计算、大数据、空间地理信息集成等新一代信息技术，促进城市规划、建设、管理和服务智慧化的新理念和新模式，是新一代信息技术创新应用与城市转型发展深度融合的产物，是推动政府职能转变、推进社会管理创新的新手段和新方法，是城市走向绿色、低碳、可持续发展的本质需求。

智慧城市的基础是推进实体基础设施和信息基础设施相融合、构建城市智能基础设施；主线是推进物联网、云计算、大数据、移动互联网、空间地理信息集成等新一代信息技术应用与城市经济社会发展的深度融合；核心是最大限度地开发、整合、融合、共享和利用各类城市信息资源，构建城市规划、建设、管理和服务的智慧化体系；主要手段包括为居民、企业和社会提供及时、高效、智能的信息服务等；宗旨是实现城市规划管理信息化、基础设施智能化、公共服务便捷化、产业发展现代化、社会治理精细化。

智慧城市具有以下主要特征[94]。

(1) 复杂巨系统。智慧城市是一个要素复杂、应用多样、相互作用、不断演化的综合性复杂系统。通过将功能完全不同的系统互连在一起形成的“系统的系统”，其复杂度将随着构成系统的增加而呈指数增加。

(2) 资源集中与大数据融合。云计算 IT(信息技术)资源的集中化促进资源共用，提高资源伸缩性。按照城市经济社会发展需求，实现相关部门、行业、群体、系统之间的数据融合、信息共享，形成海量数据。社会信息高度集中也将带来巨大的潜在风险。

(3) 泛在接入与全面感知。智慧城市通过感知技术，对人、物的相关信息进行全面的感知与互联，形成城市智慧的泛在信息源。机构和个人通过标准接入机制，利用手持设备、传感器、移动电话、平板、机顶盒等各种终端及物联网互联感知设备通过网络随时随地使用智慧城市服务。

(4) 协同运作与多安全域。城市中的各个主体之间利用智慧技术实现互联互通，彼此之间实现实时感知，及时传递信息，迅速做出反应。除少数涉及秘密信息的领域之外，大多数信息系统都将是一种开放的协同系统。智慧城市要解决跨部门、跨区域、跨系统的问题，构建跨越不同安全域的智能化管理与服务系统。因此，解决不同安全域之间的互联是重点。

(5) 移动化和开放性。随着泛在网络和手持终端的普及应用，移动化成为智慧城市的重要特征。智慧城市中广泛应用无线技术，如物联网感知层的电子标签，由于受成本等的限制，未采用很强的密码机制，电子标签内部数据容易被破解。同时，众多机构通过虚拟专用网络等方式将机构网络构建在公共网络之上。开放性导致安全风险增加。

(6) 高渗透与个人隐私。物联网、无线宽带网等网络规模大大增加，人们使用网络的时间和位置限制被突破；新的智慧应用让普通民众主动地参与信息创造和发布以及网络运转的其他环节，因此，智慧城市对人类社会的渗透水平大大提升。同时，智慧城市建设以人为本，涉及隐私数据，包括个人基本信息、个人偏好、个人位置及个人行为数据等。高渗透造成个人隐私保护风险剧增。

智慧城市典型应用场景有以下几种。

1. 智慧交通

“互联网+”时代，智慧交通系统在保障交通出行顺利有序中扮演着至关重要的角色，利用物联网、云计算、大数据、人工智能等技术为城市交通提供了强大的技术支撑，通过对大数据进行实时监测与分析，给用户提供及时的道路路况、公交车轨迹等重要信息，不仅促进了城市交通的顺达通畅，更为市民的出行提供了极大的方便，让人们轻松掌握和解决多种出行问题。自动驾驶技术仿佛会“七十二变”，车路协同也将让城市变得更“智慧”，人们的出行方式正在发生深刻变化。

自动驾驶有着诸多优势：降低交通事故率，提高交通效率，减少能源消耗，等等。《2018 世界人工智能产业发展蓝皮书》显示，2017 年中国自动驾驶市场规模已经达到 681 亿元，预计 2018 年将达到 893 亿元。在 2018 世界人工智能大会上，出现了很多自动驾驶技术在日常生活中的应用。美团研发的无人配送车“小袋”，长期来看将使人工送外卖每单 6 元至 8 元的成本降低到 4 元左右。顺丰的无人机配送可以对传统运力进行补充，为偏远地区提供物流运输服务。目前的智能驾驶技术主要集中于计算机视觉领域。在车辆进行自动驾驶的过程中，需要涉及车道线识别、行人识别、车辆识别、物体识别、标志识别等多方面识别技术；同时，系统还需要对复杂天气下的道路特殊情况做出应对，如下雨天时积水反光、雪天遮挡车道线等。

不只是汽车要变得更“聪明”，智慧城市的建设还离不开车路协同的实现，人工智能正在赋予城市更便捷和安全的交通环境。让自动驾驶进入“聪明的车”与“智能的路”相互协同的新阶段，全面构筑“人-车-路”全域数据感知的智能路网，迈出智能交通建设的关键一步。车路协同基于无线通信、传感探测等技术进行车路信息获取，通过车车、车路信息交互和共享，实现车辆和基础设施之间智能协同与配合，以达到优化利用系统资源、提高道路交通安全、缓解交通拥堵的目标[95]。

典型的车路协同应用场景有以下几种。

(1) 盲点警告：当驾驶员试图换道但盲点处有车辆时，盲点系统会给予驾驶员警告。

(2) 电子紧急制动灯：当前方车辆由于某种原因紧急制动，而后方车辆没有察觉而未采取制动措施时会给予驾驶员警告。

(3) 交叉口辅助驾驶：当车辆进入交叉口处于危险状态时给予驾驶员警告，如障碍物挡住驾驶员视线而无法看到对向车流。

(4) 禁行预警：在可通行区域，试图换道但对向车道有车辆行驶时给予驾驶员警告。

(5) 违反信号或停车标志警告：车辆处于即将闯红灯或停车线危险状态时，驾驶员会收到车载设备发来的视觉、触觉或声音警告。

(6) 道路交通状况提示：驾驶员会实时收到有关前方道路、天气和交通状况的最新信息，如道路事故、道路施工、路面湿滑程度、绕路行驶、交通拥堵、天气、停车限制和转向限制等。

(7) 匝道控制：根据主路和匝道的交通时变状况实时采集、传输数据来优化匝道控制。

(8) 交通系统状况预测：实时监测交通运输系统运行状况，为交通系统有效运行提供预测数据，包括旅行时间、停车时间、延误时间等；提供交通状况信息，包括道路控制信息、道路粗糙度、降雨预测、能见度和空气质量；提供交通需求信息，如车流量等。

2. 智慧安防

随着人工智能技术的普及，传统安防已经不能满足人们的需求。传统安防多为被动式应用，面临较大存储压力，且数据无法得到有效利用，因此存在一定局限性。同时，人们对于安防的准确度、安全性、广泛程度等方面也有了更高的要求，传统安防正在从被动防御向主动判断预警的智慧安防发展。

智慧安防以人工智能技术为支撑，通过将传感器、视频监控点等数据源的关键物理信息通过传输网络集成到一个综合的信息系统上，使得其所辖制的安防领域能够被动态实时地监控，进一步达到预测威胁并及时响应的目的。其中，智慧安防因为在传统安防摄像头的边缘端、信息系统所在的云端等核心环节引入了人工智能、大数据等技术，其在传统安防技术之上有了质的突破，让安防系统变得更加智能化、人性化，所以才实现了“传统”到“智慧”的升级，被冠于智慧安防之名。智慧安防包括视频监控、防盗报警、智能分析、楼宇对讲、出入控制等子类别，有效地保障我们的工作、学习、娱乐、交通等日常生活[96]。

无人零售店天然就是各种监控智能化技术的试验场。从最初的防盗防损，到后来的支持零售精细化管理，再到零售基础设施可塑化、智能化和协同化新目标，都是基于物联网技术、图像智能分析技术、生物特征识别技术在原有防盗防损基础上的新应用、新延伸。摄像头更准确地洞察消费者需求：在高速发展的计算机视觉领域，摄像头智能化已是大势所趋。视频监控已经成功地用于考勤、客流量统计、人脸识别、交易统计等，连锁店铺企业已经逐渐开始用信息化手段管理店铺的运营。摄像头将帮助传统零售企业更准确地洞察消费者需求，为经营和管理提供参考，走向新零售。

工业机器人由来已久，但大多数是固定在生产线上的操作型机器人。可移动巡线机器人在全封闭无人工厂中有着广泛的应用前景。在工厂园区场所，安防摄像机主要被部署在出入口和周界，对内部边边角角的位置无法涉及，而这些地方恰恰是安全隐患的死角，可利用可移动巡线机器人定期巡逻，读取仪表数值，分析潜在的风险，保障全封闭无人工厂的可靠运行，真正推动“工业 4.0”的发展。

全国各地的火车站是广大群众日常生活中出行的重要场所，这些场所的安全稳定对保障社会的安定团结、人们的安居乐业起到了非常重要的作用。特别是在节假日的时候，人们出行就更加密集，火车站的人流量比平日要大得多，车站的管理也变得尤其重要。人脸识别系统所具备的高速自动识别能力很大程度上可以将公安、安全部门从以往的“人海战术”中解脱出来，大大提升了整个国家、社会的安全防范水平，从而达到维护社会稳定的目的。高清视频监控的一大优势是，用户可以通过网络远程管理所有摄像机的设置，如果在火车站等公共场所发生意外或有可疑情况，就可以立即通过网络将图像调取到控制中心来进行分析，而不必派遣人员到现场，也不必中止存储记录和实时监控。如果有新开发的或升级版的软件，可以通过网络方便地加载到摄像机中。

3. 智能家居

智能家居，也称为家庭自动化，是将家中的各种设备，如空调、照明、音响、通风系统、电动窗帘、电视机以及其他家电通过专用的网络连接在一起，从而实现自动控制、远程控制、语音控制和一键控制的功能，提升家居生活的便利性、舒适性和安全性。随着物联网时代的到来，大众对智能家居的要求逐渐提高，除了基本的信息获取能力，还要具备互联互通、数据处理、信息推送、数据统计分析等多种功能，以满足不同场景下的应用需求。

智能家居系统可以通过对家居环境的温度、湿度、亮度，是否有人活动，声音大小，振动等信息自动控制空调、灯光、影音系统等设备的工作；可以通过智能音响等语音接口实现人机对话，通过语音控制相应设备；可以通过手机 APP、网页等方式远程控制家中的设备。家中设备运行情况、实时画面、抓拍画面及报警等信息可以通过手机应用等方式反馈到用户手机上，让用户无论在哪里都可以对家中的情况了如指掌。

总体来看，相对于传统家居，智能家居实现了家居生活的自动化和智能化，很多新建小区已经配备了全套智能家居系统，智能家居几乎成了现代生活的标配。

从系统结构的角度来讲，智能家居系统主要包括传感器、执行器、控制中枢、通信网络和人机接口。

(1) 传感器主要是将环境中的各种量收集起来，常见的量有温度、湿度、亮度、音量、是否有人、是否漏水、是否漏气等。传感器将收集的这些数据发送给控制中枢。有的厂家将传感器单独做成组件，有的厂家则会将传感器和控制中枢集成在一起，甚至连同执行器三者都集成在一起。无线摄像头也算是一种传感器，可以感应移动的物体，同时还可以拍摄查看家中视频。

(2) 执行器根据控制中枢发出的指令来完成动作，执行器主要包括智能插座、智能开关、万能遥控器、电动窗帘、推窗器、智能门锁和智能家电等。

(3) 控制中枢根据用户的需求和设定，判断传感器发送来的条件变量是否满足要求，如果满足就发出控制指令让执行器执行，或者协调一些执行器按顺序执行某些场景动作，如开始看电影的时候，控制中枢首先指挥影音系统开启电源，其次指挥幕布开始下降，再次调节功放输入和输出音量，最后打开投影机，关闭灯光，等幕布下降到位后停止幕布下降，完成整个过程。

(4) 智能家居组件之间的通信以及和用户之间的通信都需要通信网络支持。智能家居组件之间一般使用专用的网络通信方式，如 ZigBee、433MHz 的射频、蓝牙等，这些是智能组件之间的通信，用户一般不需要考虑细节。智能家居系统一般使用无线网络或者网线接入网络，可以和系统的后台服务器通信，也可以和用户的手机应用程序、智能音箱等设备通信。

(5) 人机接口将用户指令发送给智能家居系统，同时将智能家居系统的反馈告知用户。常见的人机接口有手机 APP、智能音箱、智能控制器(如无线开关、魔方控制器)等。近年来，智能音箱发展迅速，这是因为自然语音是人类用起来最舒服的方式，用自然语言的方式和智能家居系统沟通，不但可以轻松上手，还不需要改变生活习惯。

4. 智慧教育

智慧教育即教育信息化，指在教育领域全面深入地运用现代信息技术来促进教育改革与发展的过程[97]。过去的智能教育主要包含人的知识体系、技能体系的培养，而智慧教育不仅包含人的知识体系、技能体系的培养，更看重精神层面的追求，包括非智力体系，即情感、态度、价值观的培养。人工智能与教育融合所追求的理想形态就是兼具人性化和智慧化特征的智慧教育 2.0。

因此，在人工智能时代，智慧教育的内涵非常丰富，将其界定为借助人工智能技术，利用移动教学终端设备，构建智能教学生态系统，力图实现个性化学习、精准化教学，最终促进人的智慧养成和全面发展，包括智慧教学、智慧管理、智慧评价、智慧服务等，是教育信息化发展的高级阶段。

智慧教育依托物联网、云计算、无线通信等新一代科技打造出一种数字化、多媒体化、物联化、智能化的新型教育形态和教育模式。智慧教育的主要特点如下所示。

(1) 开放化。智慧教育阶段实现教育资源的共建共享，人们在任何时间、任何地点都能获得自己想获取的知识，真正实现教育无时不在、无处不有。人工智能、大数据的出现可以极大地优化教育资源配置，确保优质教育资源的共建共享。以往优质的教学资源往往仅局限在东部沿海地区、城市地区及重点学校内，存在优质资源流动性差，不同地区、不同学校教育资源分配失衡的问题，间接造成教育的不公平。互联网、大数据的产生，尤其是位于人工智能底部支撑的互联网，将教育资源整合为数据，数据完全可以打破空间、时间的限制，进而打破学校、区域之间的壁垒，实现教育扁平化发展。

(2) 智能化。在智慧教育阶段，构建智能教学新生态，建立智能教学生态系统是实现个性化教学的必经之路。智慧教育的核心就是实现学生个性化学习，这要通过创新教学模式来实现。伴随信息空间的出现，深度学习、教育大数据等技术的不断成熟，智慧校园的出现，智适应学习成为可能。借助智慧校园，智适应学习系统对学习者进行全程跟踪，深入、全面获取教育数据，借助教育大数据智能识别学习者对于知识、技能的掌握情况，判别学习者的学习方式，为学习者量身定制学习计划，针对学习者需求，提供智能化的指导。

(3) 一体化。在智慧教育阶段，由教师的教变为人机一体化开展教学，未来进入人机共教阶段。教师不仅要具有专业知识、教学能力，还要具备与机器和谐相处开展教学的能力。教师角色面临着人工智能的挑战，正如雷・克利福德所言："科技不能取代教师，但是使用科技的教师却能取代不使用科技的教师。"人工智能时代，教师功能发生巨大变革：全面评价学生已有知识、能力，开展个性化教学，出题和批阅作业以及评判学生的综合素质，规划学生生涯发展，这些功能的实现需要基于大数据，由教师和机器协作完成。教师功能变革导致教师角色的变化，简单、机械的教学活动由机器来完成，复杂的教学任务、情感性教学目标由教师来完成。新时期教师角色为测评分析师、智能导师、助理教师、指导教师、生涯规划师，一人具有多个角色，形成智慧教育阶段教师的功能和角色框架，进入人机协作教学阶段。

(4) 多元化。人工智能时代需要学生具备多种能力。进入信息社会，人工智能技术应用极大地变革了生产方式和人们的生活，使人们进入人工智能时代。因此，人不仅需要知识素养，更多地需要能力素养，掌握使用机器的技能，培养与人沟通、协作的能力。到了人工智能时代，要培养兼具知识素养、能力素养、数字素养的智慧型人才。因此，人工智能时代学生能力呈现出多样化的趋势。

以科大讯飞打造的智慧课堂为例，如图 3.7 所示，运用大数据与课堂教学进行深度融合，遵循以学定教的理念，智慧课堂实现了课前、课中与课后环节的有机融合：课前，教师向学生推送预习作业，利用大数据技术分析学前数据，提前预设教学重难点；课中，依托智慧课堂平台，教师可以采用多种形式呈现教学内容，有的放矢地解决教学重难点，同时也充分发挥学生的主观能动性，提升课堂效率；课后，教师针对学生的薄弱知识点，向不同学生推送针对性的作业，实现老师精准化"教"与学生个性化"学"。

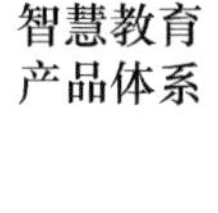

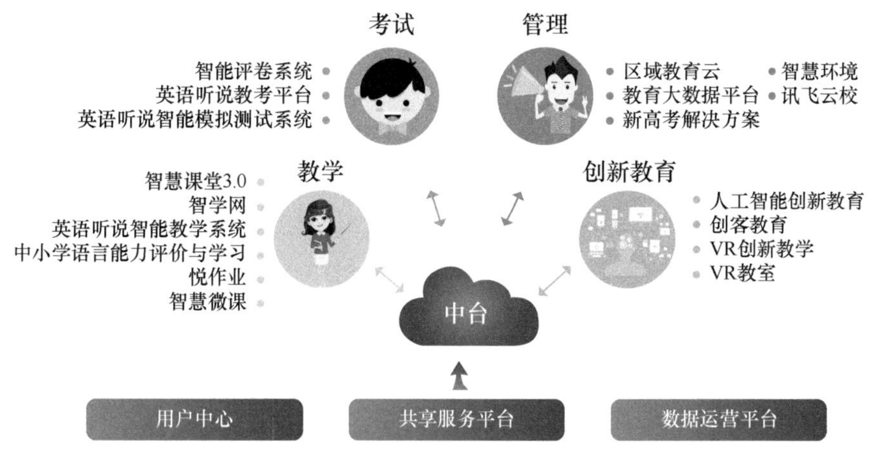

图 3.7　科大讯飞智慧课堂

5. 智慧物流

智慧物流最早的概念要追溯到 2008 年提出的“智慧地球”这一概念。它的核心观念是基于信息技术，即整个物流的历程包括运输、仓储、包装、配送及装卸等都是以信息技术为基础的。归纳来说，智慧物流是在信息系统的控制之下，操作物流系统的各个环节，实行系统全面感知，这样就可以及时处理各类问题以及进行及时且必要的自我调整。它包含全面分析、及时处理及自我调整功能，实现物流规整智慧、发现智慧、创新智慧和系统智慧的现代综合性物流系统。

智慧物流以物联网、云计算及大数据技术为支撑，通过互联网网络的信息传输功能实现主体之间的物流信息交互，以智能化和集成化的管理方式对物流自动化整备、智能化系统进行控制，以软硬件相结合的方式实现智慧物流的自动感知识别、物流服务可追溯、物流管理智能化决策等功能。完整的智慧物流模式应当由三部分组成，以物联网为基础的底层、以网络媒介为交互中介的网络层以及为客户完成物流服务的应用层。

由智慧物流基本框架可知，如图 3.8 所示，物联网基础底层与大数据和云计算的网络层是智慧物流模式的主要核心部分，智慧物流的运作流程就是这两部分的协作过程，其中，智能运作主要由物流设备的机械化和自动化决定，智能决策则由大数据与云计算技术决定。智能运作及智能决策之间由互联网连接，信息数据通过移动数据传输技术彼此互通。

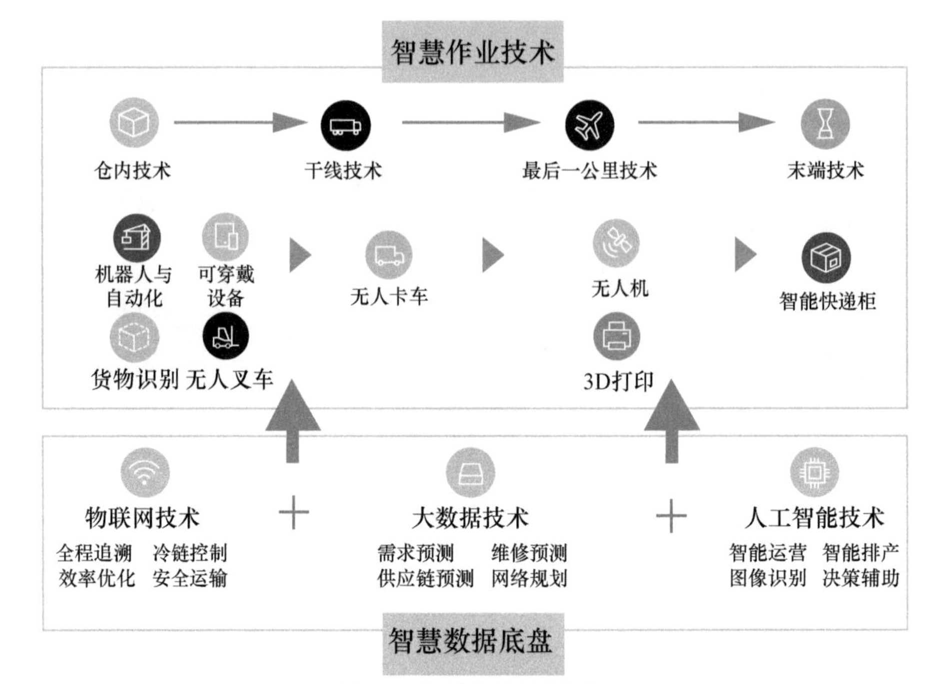

图 3.8　智慧物流基本框架

人工智能在智慧物流的应用方向主要包括：一方面，对简单重复劳动的替代、对人工的辅助和赋能，如运输环节的无人卡车、无人机，仓储环节的无人仓、自动化分拣设备，配送环节的智能快递柜以及管理支持环节的智能客服等；通过人工智能与相应的设备、业务流程的结合，可以显著降低成本。另一方面，对业务流程和管理的优化等，如智慧地图、智能路由规划，车货匹配提升装载率，实现总体效率的提升。

3.4.2　医疗辅助诊断

随着人工智能领域技术的快速发展，传统的医疗与健康服务模式正在发生深刻的变化，大数据为智慧医疗的实现带来无限可能，智能决策使得医疗精确度不断提高。目前，智慧医疗成为医疗领域发展的热点，人工智能技术在医疗诊断中起到的作用不可小觑，不仅可以帮助医生在早期问诊时进行精细化的辅助诊断，而且在治疗过程中利用大数据存储与处理平台，对医疗历史数据进行建模和分析，为医生诊断诊疗提供参考依据，并且为后期医药行业做药物研发、器械研发等提供帮助[98]。

人机协同在智慧医疗场景中有不同的临床应用[99]，其中主要包括语音录入病历、智能问诊、医疗影像智能识别。

1. 语音录入病历

现阶段，随着我国医疗信息化的不断发展，电子病历系统、影像归档和通信系统逐渐得到广泛的普及，医生只需要通过计算机等电子设备就可以完成病程记录、手术记录、检查报告等文字录入工作。电子病历的出现在一定程度上缓解了医生手写速度缓慢、容易出现错误等问题，实现高效诊疗与数据共享，但在实际应用场景中，电子病历的操作仍然需要耗费医生的大量时间。根据丁香园调查，50%以上的住院医生每天用于写病历的平均时间达到 4h；据美国医学会统计，医生职业生涯 15%～20%的时间用在病历书写等文档工作上，由此可见，文字录入仍然是影响医生工作效率、工作体验的重要因素。针对如何提高医生使用电子文本录入的效率、降低电子文本录入难度、提高电子文本录入准确性的相关问题，语音识别技术展现了一定的优势。

语音识别技术在医疗电子病历的运用在欧美国家由来已久，主要用于节约医生录入电子文本的时间，降低电子文本的录入难度，使得医生能够将更多的时间用于与患者病征的沟通以及与家属的诊断方案交流上。美国的 Nuance 公司开发了一套掌上移动型设备的语音录入病历系统，帮助医生通过语音录入的方式，在为病患看诊时将患者症状与治疗方案口述下来，存成语音档案，经过语音识别模块完成语音到文字的转录，通常，10h 的语音可在 5min 内完成转录，大大节约了医生的病历书写时间，提高了医生的工作效率。飞利浦公司面向医疗诊断推出一种实时语音识别的专用麦克风，表面采用符合医学标准的防菌抑菌材料，在麦克风中定制了实时语音识别的硬件模块，在欧美医院成功推行，实现了医院工作站的实时语音识别，尤其在放射科等文本录入量较大的医技科室得到广泛使用。从统计的数据来看，在美国的医院中，临床上使用语音识别技术的比例达到 10%～20%，尤其在语音录入电子病历方面卓有成效，在放射科、病理科、急诊室等部门的使用过程中，对电子文本的记录与诊断报告的记录实现了时间的有效控制，明显提高了医生的工作效率，改善了传统的医疗病历方式所带来的问题。

但是，国外的语音识别技术在我国进行推广时遇到了一定的困难。一方面，中文医疗语音文本的识别准确率较低，由于国内的医疗工作环境较为复杂，医疗专业术语及特殊符号较多，全国各地医生的口音问题相对于国外来说更为明显，所以如何保证识别的准确率，让医生用得更加流畅便捷，是在国内推广语音录入病历技术的重要挑战之一。另一方面，医疗行业的专业性较强，每个学科的差异较大，各个科室所使用的信息化系统有所差别。面对不同的信息化系统，要求提供的语音录入方案能够同时支持多个信息化系统，在录入文字量较大的情况下，保证各个系统可以正常运行，且最大限度地降低与原有系统的耦合性。除此之外，如何基于移动端小屏幕进行语音文本录入也是在保障医院复杂环境下识别效果需要探讨的问题之一。

Nuance 公司进驻中国后，仅仅在车载智能语音导航方面有所建设，在医疗领域几乎无所发展，而国内的科大讯飞等公司在语音识别领域具有较大的优势，所以在语音录入病例方面，科大讯飞基于智能语音开发了云医声移动医护平台，在国内多家医院有所应用，包括北京大学口腔医院、四川大学华西医院、首都医科大学附属北京安贞医院、上海交通大学医学院附属瑞金医院、中国人民解放军总医院等 20 多家医院。

云知声智能语音电子病历系统在国内也应用广泛，面对 2020 年爆发的新型冠状病毒肺炎，北京小汤山医院将云知声智能语音电子病历系统用于境外来(返)京人员中疑似病例及轻型、普通型确诊患者的收治，未来将视接诊情况逐步满足 1000 余张床位的病历录入需求。医疗语音录入专业麦克风由飞利浦公司提供给医生使用，是医疗语音录入系统定制的专用高级外设设备，在欧美国家市场占有率超过 60%。如图 3.9 所示，通过智能语音的方式，帮助医护人员录入病历，可解决医护人员防护措施严密造成操作计算机时不便的问题,大幅提升病历录入效率，同时有效避免频繁接触计算机的接触式感染风险。该系统的病历录入语音识别准确率超过 98%，可通过非接触性的口语录入方式，在门诊病历书写、住院病历书写、医技科室检查检验报告书写等多场景为医务人员实时录入医疗文书，将医生的单日病历录入工作时间节省了近 2h，录入效率提升了 60%，继而大幅提升了医务工作者的工作效率；同时，医护人员不用接触办公计算机，搭配的医疗语言录入专用麦克风具有抑菌抗感染的作用，大大降低了医护人员被感染的风险，从而有效助力疫情防控。

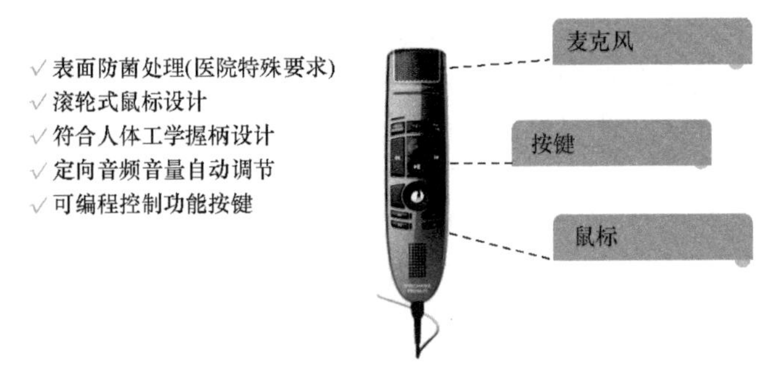

图 3.9　医疗语音录入专业麦克风

2. 智能问诊

通常情况下，问诊是大部分医疗行为的第一步。在医疗诊断的过程中，医生通过与患者的沟通交流收集其所得疾病的相关信息，做出相应的诊治决策，在不断的诊治过程中，帮助患者逐渐恢复健康。然而，由于国内医疗资源寡而不均，患者常常需要抽出半天以上的时间去医院排队、挂号、候诊，最终可能换来与医生不到十分钟的对话，咨询的问题大多也被搪塞处理。

智慧医疗的发展促进了传统的医疗服务行业向人工智能时代背景下的新型医疗问诊模式不断转变，于是，对于就医门槛高、效果不满意、医疗资源紧张等问题国内出现了很多新型问诊系统，包括春雨医生、平安好医生、丁香园等创业公司陆续推出在线问诊服务。这些在线智能问诊系统给患者提供了更加方便、快捷地获取医疗咨询服务的途径，对于一些可以利用互联网完成的简单医疗问诊，患者无须在实体医院排队挂号即可获取与自己病征有关的医疗信息，同时，通过在线问诊平台，用户可以足不出户使用手机或计算机等电子设备向医生发送自己病征的相关图文消息，医生通过网络即可方便、实时地了解到患者的具体病情，并且提供在线诊疗服务。

新兴的智能问诊服务主要包括预问诊和自诊两大功能。在患者与医生在线沟通交流病情之前，可以首先通过手机或计算机端进入医院的智能问诊模块中，输入个人的基本信息、患病症状、既往病史、过敏史等个人信息，智能问诊系统将初步形成针对患者自身情况的初步诊断报告，在一定程度上减少医生与患者的诊疗沟通时间，提高在线问诊的效率，为患者提供高效、优质的医疗服务，提升患者与医生的用户体验。

目前，大多数智能问诊平台都采取了大量规则结合知识图谱推理的算法。医疗知识图谱储存了医疗领域各个概念(构成点)，如疾病、症状、药物等，以及它们之间的关系(构成边)，如症状 a 可能提示疾病 A 或 B，由药物 1 可以对症治疗等。现代医疗知识图谱可以由百万以上级别的点和边构成。图 3.10 展示了痛风相关信息的知识图谱。

在 2019 年的世界人工智能大会上，平安好医生展示了“私家医生”以及“一分钟诊所”、互联网医院、“药店云”、脉诊仪及诸多可穿戴设备等 AI+医疗产品。该公司的智能辅助诊疗系统“AI Doctor”已应用到平安好医生自有医疗团队全部科室及近 150 家线下医院，累计覆盖超 3000 种疾病，并在平安好医生 5.3 亿人次咨询数据的训练下持续优化。

“私家医生”是平安好医生刚推出的战略级产品，通过一对一专属私家医生和名医专家团，提供 7×24 小时的医疗健康服务。在“一分钟诊所”内，患者首先与“AI Doctor”语音交流，提供病征主诉等关键信息，然后由“AI Doctor”智能分诊至专科科室。在真人医生接诊后，“AI Doctor”会辅助医生完成健康咨询和开具智能药方的整个流程，从而形成整个问诊的智能化，提高了问诊效率；互联网医院则将平安好医生的智能医疗科技能力和实体医院医疗资源联合，通过打通平安好医生的“医院云”系统与合作医院的信息化系统，形成在线诊疗平台、处方

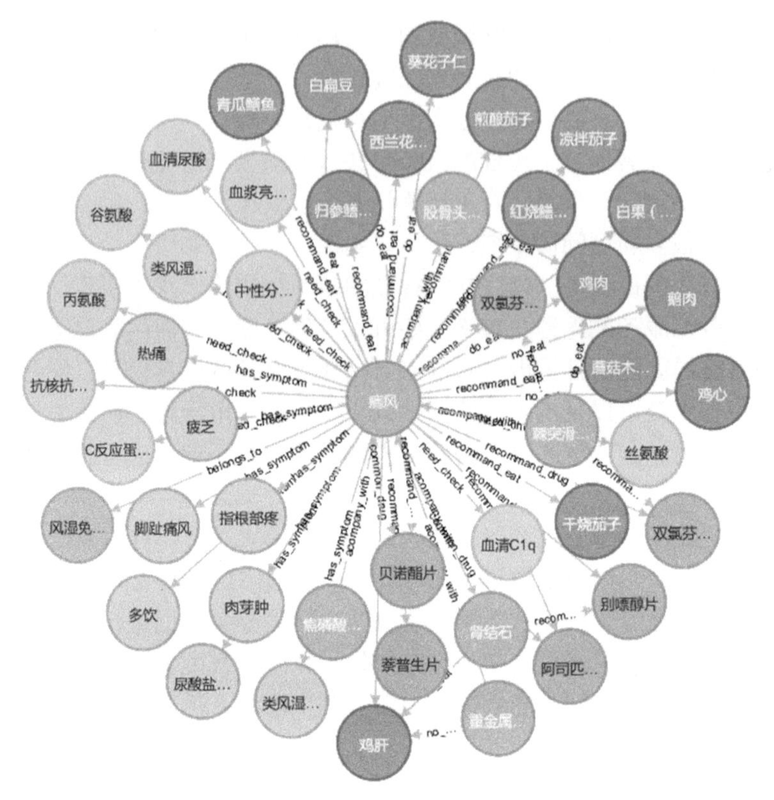

图 3.10　痛风相关信息的知识图谱

共享平台和健康管理平台的三合一互联网医院管理平台，提升医疗服务的效率及患者的就医体验；而“药店云”是药店以微信为载体，为用户提供在线问诊、电子处方等功能。

在智能设备领域，通过手机控制脉诊仪启动脉象检测，以数字化变革中医脉象诊疗方式。健康智能手表、智能血压手表、智能水杯、血糖仪等设备，已与平安好医生应用程序启动互联，可将收集的人体健康数据上传，再经过智能辅助分析和医生的健康指导，提供个性化的健康管理方案。

3. 医疗影像智能识别

近年来，人工智能的浪潮席卷了诸多领域，其中在医疗影像的智能识别方面取得了长足的进步，逐渐实现在实际临床中的广泛使用。智能医学影像识别主要是基于人工智能技术，对 X 线检查、计算机断层扫描(computed tomography，CT)、磁共振成像(magnetic resonance imaging，MRI)等常用的医学影像学技术进行医学图像扫描和手术视频的分析处理，主要的研究热点包括智能影像诊断、影像三维重建与配准、智能手术视频解析等。智能影像诊断和影像三维重建与配准可提高影像识别的效率和质量，为疾病诊断和治疗提供帮助；智能手术视频解析可帮助外科医师学习、理解外科手术，并进一步指导手术过程。

器官识别：对于人体器官图像识别的主要思路是目标识别—目标分割—后续分析。无论是影像诊断还是三维重建配准，第 1 步都是从图像中识别目标区域。目前，完成目标器官识别的主要方法是采用经可靠人工标注的 CT 或 MRI 图像作为训练集训练机器学习模型，获得器官的形状及位置，然后对目标器官进行分割，这在很大程度上简化了算法的流程，也提高了分割的准确性。

基于医学影像的疾病诊断：疾病的病理分类是当前智能医学影像研究的重要问题。早期的病理分类通常分为 3 步，第 1 步是在影像中人工标注目标区域，第 2 步是对分割出来的区域进行识别分类，第 3 步是对整个诊断结果进行宏观的判断。随着卷积神经网络的不断发展，分类器越来越强大，新的算法可以直接端到端(图像端到结果端)地对图像进行分类并检测物体。但目前可利用的医学影像图像数据量通常较少，为深度神经网络的训练带来了难题。

手术视频解析：对于手术视频的解析是智能手术的基础，是智能外科的重要组成部分。通过解析手术视频的内容，让机器对手术视频中的每一步操作有所理解，使得计算机帮助医生在手术中做出正确的选择，并且协助医生规划好下一步手术操作。与此同时，将手术视频解析的内容与数据库中的内容相比较，通过比对解释医生手术中各个操作的细节。虽然手术视频解析技术相对于其他技术起步较晚，目前只能应用于一些简单的手术(如胆囊切除术)中，但其已经具备成熟的技术思路和方法。手术视频解析的研究内容主要包括：将一段手术的视频根据手术步骤进行分段，也称为流程分析；对视频中的特定动作或任务进行检测和识别；对视频中的器具进行识别、分割和跟踪等。

2019 年 12 月湖北省武汉市爆发新型冠状肺炎(简称新冠肺炎，NCP)疫情，国家卫健委在 2020 年 2 月 4 日发布的《新型冠状病毒感染的肺炎诊疗方案(试行第五版)》，已将“疑似病例具有肺炎影像学特征者”作为湖北省新冠病毒临床诊断标准。CT 是新冠肺炎重要的诊疗决策依据手段之一，在快速诊断方面具有特殊优势，既是专业手段，也是循证工具；既是诊断者，也是评价者。但是，患者肺内病灶多、变化快，短时间内需要多次复查，图像多等情况，造成影像医生工作负荷显著增加，加上可精准诊断、量化分析新冠肺炎的影像医生紧缺，诊断效率难以大幅提升。

华为云与华中科技大学、蓝网科技等通力协作，研发并推出新型冠状病毒肺炎智能辅助医学影像量化分析服务，见图 3.11。该服务基于华为云领先的计算机视觉与医学影像分析等技术，可全自动、快速、准确地为影像及临床医生提供 CT 量化结果，缓解可精准诊断新冠肺炎影像医生紧缺的局面及隔离防控压力，减轻医生诊断工作负荷。同时，基于华为自研 Ascend(昇腾)系列 AI 芯片的强大算力，该服务可实现单病例量化结果秒级输出，智能+医生复查、审核的总体效率是纯人工量化评估速度的数十倍，可大幅提升诊断效率[100]。

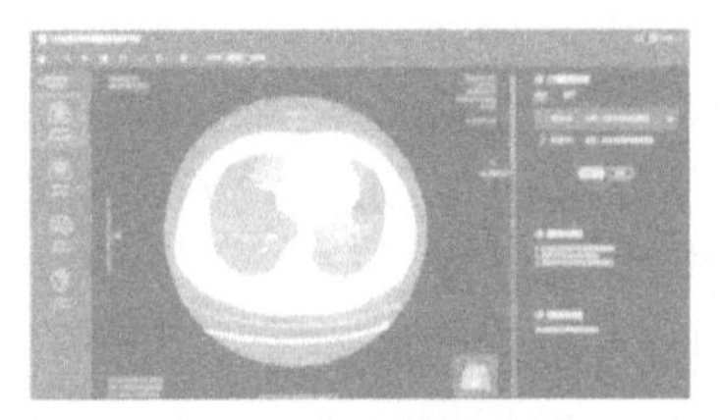

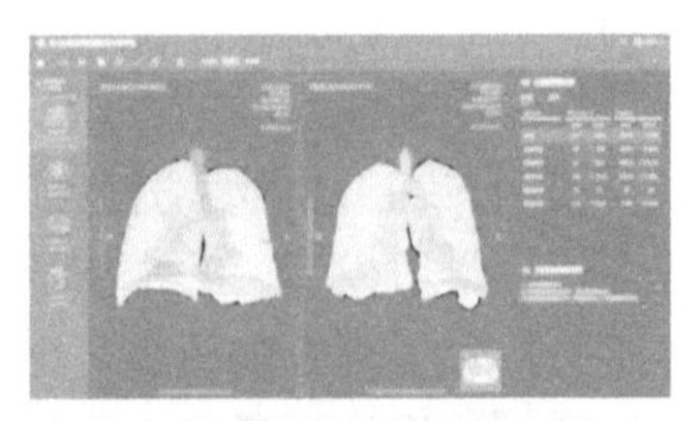

(a) 二维肺炎区域分割系统　　(b) 三维肺炎体积定量随访系统

图 3.11　华为云 NCP-CT 量化辅助诊断产品界面

华为云运用计算机视觉与医学影像分析技术，对患者肺部 CT 多发磨玻璃密度影和肺实变进行分割以及量化评价，并结合临床信息和实验室结果，辅助医生更高效、精准地区分早期、进展期与重症期，有利于新冠肺炎的早期筛查和早期防控。对于院内收治的确诊新冠肺炎患者，该服务可以对短时间内多次复查的四维动态数据进行配准以及量化分析，帮助医生有效评估患者病情进展以及用药疗效等，见图 3.12。

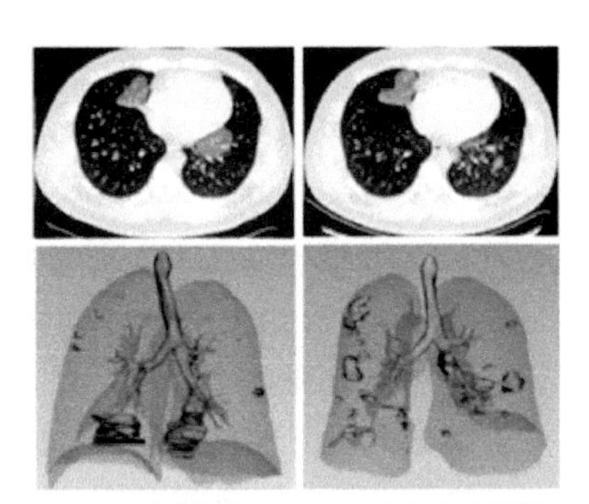

(a) 病人初诊　　(b) 病人复查数据

图 3.12　基于人工智能的四维动态数据量化分析

第一行为原始 CT 影像，第二行为肺部重建、气管重建以及新冠病灶重建效果图

通过对数百例新冠肺炎案例以及正常案例进行分析，结果显示，华为云量化辅助诊断服务实现病灶区域分割 DICE(预测病灶和真实病灶的重合度)及 AVD(预测病灶体积与真实病灶体积误差)指标业界领先，与医生用手工精准勾勒的结果高度一致。同时，基于华为昇腾系列芯片，该服务可以实现 CT 量化结果秒级输出，相较于医生手工勾画进行量化评估的传统方式，极大地提升了诊断效率。

3.5 本章小结

本章主要介绍了人机协同中的互补人机协同，首先定义了互补人机协同的概念，阐述了这种较为基础的人机协同方式；然后通过详细介绍互补人机协同方式下的具体协同技术与场景，对互补人机协同的具体应用进行了展示。同时，为了充实互补人机协同，专门将其中重要的交互人机协同部分单独进行介绍，包括其基本概念、应用场景等内容。

第 4 章　混合人机协同

针对当前人工智能面临的挑战性问题，即问题的不确定性、脆弱性和开放性[101]，混合智能旨在将人的作用或认知模型引入人工智能系统中，提升人工智能系统的性能，使人工智能成为人类智能的自然延伸和拓展，通过人机协同更加高效地解决复杂问题[102]。混合人机协同比互补人机协同更加高级，能真正实现互相融合辅助支撑。

4.1　人 类 控 制

4.1.1　人类监督

人类监督是在一个控制系统中，人需要实时监控整个系统并做出必要的决定，从而控制整个过程处于期望的状态。例如，人的加入使整个系统形成闭环，并完成测量值、期望条件和最终控制单元的反馈行为三者之间的连接。对于人机协同系统，按照控制器的要求以某种方式保持或变化，对于某种控制系统，通常包括感知、决策和执行的闭环用来使系统稳定或向某一目标以某种方式变化。

4.1.2　混合系统

智能机器与各类智能终端已经成为人类的伴随者，未来社会的发展形态将会是人与智能机器的交互与混合。人机协同的混合系统是新一代人工智能的典型特征。

近半个世纪的人工智能研究表明，机器在搜索、计算、存储、优化等方面具有无可比拟的优势。然而，在感知、推理、归纳、学习等方面，它们都无法与人类智力相匹敌。正是基于这种机器智能与人类智能的互补性，提出了研究混合系统的新思路，也就是将对智能的研究延伸到生物智能与机器智能的互联，整合各自的优势，创造出更强大的智能形态[103]。混合系统是以深度融合生物智能和机器智能为目标，通过相互连接通道，建立兼具生物(即人类)智能体的环境感知、记忆、推理、学习能力和机器智能体的信息整合、搜索、计算能力的新型智能系统，其目的是使建立的系统在知识表示推理等方面更为有效。

将传统的仿生学或生物机器人再深入探究，混合系统要构建的是一个既包含生物体又有人工智能电子组件的双向闭环的有机系统[103]。其中，生物体组织接收人工智能体的信息，同时，人工智能体读取生物体组织的信息，使得两者信息无缝交互，并且生物体组织对人工智能体的改变具有实时的反馈，反之亦然。混合系统不再仅仅是生物与机械的融合体，而是融合生物、机械、电子、信息等多领域因素的有机整体，增强系统的行为、感知、认知等能力。

当前的通用人工智能学习系统一般都是在不同的层次上需要依赖大量的人工智能样本和训练数据来完成“有监督的学习”，而真正通用的人工智能会在那些已经积累大量实践经验和训练知识的人工智能基础上灵巧地“无监督学习”。如果仅仅是简单地利用各种对人工智能的计算模型或人工智能算法的简单分析和组合，实际上不太有可能得到一个真正通用的新一代人工智能。特定技术领域的人工智能依赖具有强大的计算和学习能力的通用人工智能系统在挑战自然和人类的智力极限方面已经取得了巨大的进步，但这些人工智能系统还是无法通过自身的思考能力来得到一个更高层次的人工智能，它们与目前具有高度的自主学习计算能力的新一代通用人工智能依然存在着巨大差距。尽管如此，人工智能在这些特定人工智能领域的成功和应用，为我们研究和设计开发新一代人工智能系统提供了重要的理论参考和新的研究方法。

人机智能协同的混合系统实现形态是新一代人工智能的一个典型实现特征[104]。新一代人类智能面临的许多挑战和问题都具有高度不确定性、脆弱性和高度开放性，这些问题也是人工智能机器的最终服务对象和最终“价值判断”的仲裁者，因此人类智能与新一代机器智能的人机协同发展是必须贯穿人工智能始终的。任何具有智能的生物或者机器都不能完全取代人，我们有必要将上一代的智能角色或人工智能认知模型引入新一代人工智能系统，形成一种人机混合的增强型人工智能的形式，这种系统就是上一代人工智能或者下一代机器增强人工智能的一种可行而重要的人工智能增长实现模式。混合增强人工智能系统的实现形态可以大致分为两种基本形式，一是基于人在计算回路的混合增强人工智能，二是基于人工智能认知模型计算的回路混合增强认知智能。

将计算机和人的智能作用直接引入智能信息处理系统中，形成了人在智能回路的一种混合反馈智能信息处理范式[105]。在这种范式中计算机和人始终都是混合反馈智能信息处理系统的一部分，当这类智能系统对计算机的输出置信度低时，人通过调整智能参数给出合理正确的智能问题并进行求解，构成了提升这类智能信息处理水平的混合反馈智能回路。把机器人的智能作用引入机器智能增强系统的智能计算控制回路中，可以把机器人对模糊、不确定等复杂问题的分析及快速响应的高级增强智能认知的机制与高级机器智能增强系统紧密地耦合，使得两者相互适应，协同工作，形成双向智能信息的交流与智能控制，最后使机器人的视觉感知、认知的能力以及计算机强大的数据运算和数字化存储的能力相互结合，构成“1+1>2”的高级智能机器增强智能控制系统形态。

在当前大数据、深度机器学习在不同领域不断取得突破性成果之际，我们需要清楚地认识和看到更多的问题，即使为人工智能技术和系统的开发者提供充足甚至是无限的人工智能数据和资源，也有可能无法完全排除当前人类对它的控制和干预。例如，面对当前人机交互智能系统中对于人类的语言或行为的细微差别和模糊性的错误理解，特别是将当前人工智能的技术和系统应用于一些重大的领域时，如何更有效地避免由当前人工交互智能技术的局限性而可能带来的决策风险、失控甚至是危害？这就必然需要引入对人类的知识进行监督与管理的互动，允许人类的参与和验证，提高人工智能管理系统的置信度，以最佳的手段和方式充分利用和掌握人的基本知识，最优地实现平衡和提高人的信息处理能力和计算机的计算及处理能力，从而更好地大规模的非完整、非高度结构化的知识和信息的综合处理，有效避免由当前人工智能技术的局限性而可能引发的人工智能决策风险和人工智能系统失控等结构性问题。

4.2　基于规则/技巧的协同

知识被描述成一组规则和事实，用一些推论规则来解释，基于规则的技术可以用在相当大的领域内，可以像描述接口一样来描述执行的动作[106]。一个用基于规则的方式实现的用户模型可能包括以下形式的简单规则：

IF

　Command is EDIT file1

AND

　Last command is COMPILE file1

THEN

　Task if DEBUG

Action is describe automatic debugger

基于规则的分类模型旨在建立一个规则集合对数据类别进行判断。这些规则可以从训练样本自动产生，也可以人工定义。给定一个测试样例，可以通过判断它是否满足某些规则的条件，来决定其是否属于该条规则对应的类别。典型的基于规则的分类模型包括决策树、随机森林、规则排序算法等。

基于规则的意图分类是通过预先定义的类别信息的启发式规则对自然语言意图进行分类[107]。该方法通常根据预先定义好的规则构建一个基于规则的分类器。在分类器中利用提前定义好的规则来获取关键词，并依据关键词来理解自然语言的意图，达到分类的目的。基于规则的意图分类方法在解决相同领域方面具有较好的分类效果，但是该方法具有相当大的局限性。首先，为了得到较好的实验结果，往往需要定义大量规则，而这些规则都需要手工标注才可以得到，当语料数量很大时，需要耗费大量的人力。其次，对于同一类型的自然语言，可能有多种表达方式，这会导致规则数目随着句子数量的增加而急剧增加。最后，构建的大部分规则并没有泛化的能力，通过分析一个领域语料构建的规则只能够用在与该领域相似的数据集上，用在其他领域或其他数据集上效果将会很差。因此，很难构建出一个通用的具有泛化作用的规则框架。

4.3 人 在 回 路

4.3.1 人在回路的概念

与电影中的机器人不同，当今的大多数人工智能不能靠自身学习，而是依赖密集的人为反馈[108]。如今，大约 90%的机器学习应用程序都由监督机器学习提供支持。例如，自动驾驶汽车可以安全地将人们带到街上，因为人类已经花了数千小时告诉它何时传感器看到了“行人”、“正在行驶的汽车”、“车道标记”以及每一个其他有关的对象；当人说“调高音量”时，家用设备知道该进行什么样的操作，因为人类已经花费了数千小时告诉它如何解释不同的命令；机器翻译服务可以在多种语言之间进行，因为它已经接受了数百(或数千)万个翻译文本的培训。

人在回路是指计算问题的求解需要人的参与或引入人的参与能提升问题求解的效果。这个概念利用人和机器智能来创建机器学习模型。在这种方法中，人类直接参与了特定机器学习算法的训练，调整和测试数据，目的是使用训练有素的人群或一般人群来纠正机器预测中的不准确性，从而提高准确性与结果的质量。

它的工作方式如下：①标记数据。这为模型提供了(大量)高质量的训练数据。机器学习算法根据这些数据做出决策。②调整模型。这可以通过几种不同的方式发生，但是通常人们会对数据进行评分以说明过度拟合的情况，教给分类器有关极端情况的信息，或者讲授模型范围内的新类别。③人们可以通过对模型的输出进行评分来测试和验证模型，尤其是在算法对判断正确决策不自信或对错误决策过于自信的地方。

现在要注意的是，每个动作都包含一个连续的反馈循环。人在回路机器学习意味着接受这些训练，调整和测试任务中的每一项，并将它们反馈到算法中，从而使其变得更智能、更自信和更准确。当模型选择下一步需要学习的东西(称为主动学习)并将数据发送给人工标注者进行训练时，这可能特别有效。

设想这样一个系统，它能够通过利用相对的力量来实现人类和机器学习模型之间的成功协作，而这两者单独都无法做到。机器学习技术和人类拥有相辅相成的技能——机器学习技术擅长在最低粒度级别的数据上进行计算，而人们更擅长从他们的经验中提取知识，并将知识转移到不同的领域。

人在回路的机器学习框架，使人们能够有效地与机器学习模型交互，不需要深入了解机器学习技术就能做出更好的决策。许多人每天都与机器学习系统交互，例如，为产品推荐挖掘数据的系统无处不在。然而，这些系统在没有终端用户参与的情况下计算它们的输出，并且在用户不能接受机器学习结果的情况下，通常不会产生严重的后果。相反，在决策可能产生严重后果的领域(如应急响应、医疗决策)，则需要结合人类专家的领域知识。这些系统还必须是透明的，以赢得专家的信任，并用在他们的工作流程中。传统的机器学习系统并不是为了从自然的工作流程中提取领域专家的知识，也不是为了给人类领域专家提供直接与算法交互的途径来插入他们的知识或更好地理解系统输出。要使机器学习系统在这些重要领域产生现实世界的影响，这些系统必须能够与高技能的人类专家进行沟通，以利用他们的判断和专业知识，并共享来自数据的有用信息或模式。

4.3.2　人在回路的基础

标注和主动学习是机器学习的基础[108]。它们决定了如何从人那里获得训练数据，以及在没有预算或时间来对所有数据进行人工反馈的情况下，什么数据可以摆在人们面前。迁移学习避免了冷启动，它将现有的机器学习模型适应于新任务，而不是从一开始就启动。

标注是标记原始数据的过程，以便使其成为机器学习的训练数据。大部分数据科学家花费在整理和标注数据集上的时间远比他们实际构建机器学习模型所花费的时间多得多。标注的过程可能非常简单。例如，如果想将有关产品的社交媒体帖子标记为“积极”、“消极”或“中立”以分析有关产品的普遍情绪趋势，标注可以实现在几个小时内构建并部署网页表单。一个简单的网页表单可以允许个人根据情感选项对每个社交媒体帖子进行评分，并且每个评分都将成为社交媒体帖子上训练数据的标签。标注的过程也可能非常复杂。如果要用简单的边界框标记视频中的每个对象，简单的网页表单是不够的，需要用到图形界面。良好的用户体验可能需要花费数月的工程时间才能达到。算法和标注数据同样重要，而且是良好机器学习相互交织的部分。与学术机器学习相比，标注更多的是通过训练数据来提高模型性能，尤其是当数据的性质随时间变化时(这种现象很常见)。与尝试将现有的机器学习模型适应新的数据领域相比，只有少量的新标注会更有效。但是，与专注于如何有效地标注正确的新训练数据相比，更多的学术论文关注如何在没有新训练数据的情况下使算法适应新领域。

那么，高质量的标注为什么很难？对研究人员来说，标注是一门与机器学习紧密相关的学科。最明显的例子是提供标签的人员可能会犯错误，而克服这些错误需要大量复杂的统计信息。训练数据中人为错误的重要程度取决于实际的应用场景。如果仅仅用机器学习模型来识别消费者情绪的普遍趋势，那么这种错误是否会从 1%的不良训练数据中传播出来就无关紧要了。

但是，如果由不良训练数据传播的错误而导致为自动驾驶汽车提供动力的机器学习算法看不到那 1%的行人，那么这种错误将是非常严重的。有些算法可以处理训练数据中的少量噪声，有些随机噪声甚至可以通过避免过度拟合来帮助某些算法变得更加准确。但是人为错误往往不是随机噪声，因此会在训练数据中引入不可恢复的偏差。没有算法能够在真正不良的训练数据中幸免。对于简单的任务，如目标任务上的二进制标签，当不同的标注人员持不同意见时，统计信息很容易确定哪个是“正确的”标签。但是对于主观任务，甚至是具有连续数据的客观任务，没有简单的试探法能确定正确的标签是什么。试想一下，在自动驾驶汽车的每个行人周围放置一个边界框来创建训练数据的关键任务。如果两个标注人员的盒子略有不同怎么办？哪个是正确的？它不一定是单个盒子，也不是两个盒子的平均值。实际上，解决此问题的最佳方法是使用机器学习。

4.3.3　主动学习的引入

引入主动学习可以提高速度并降低训练数据的成本，有监督的学习模型几乎总是可以在带有更多标签数据的情况下变得更加准确[108]。主动学习是选择哪些数据需要获得人工标签的过程。关于主动学习的大多数研究都集中在培训项目的数量上。但是在许多情况下，速度可能是一个更重要的因素。在灾难响应方面，灾难响应中的任何延迟都是潜在的关键，因此，快速推出可用模型比该模型中需要放入标签的数量更为重要。就像没有一种算法的体系结构或一组参数可以使一个机器学习模型在所有情况下都更加准确一样，没有一种主动学习策略可以在所有应用场景和数据集上达到最佳。但是和机器学习模型一样，应该首先尝试一些方法。

目前有很多主动学习策略和实现该策略的算法。其中，有三种基本方法在大多数情况下都行之有效，即不确定性采样、多样性采样和随机采样。随机采样听起来最简单，但实际上可能是最复杂的。如果数据是预先过滤的，当数据随时间变化，或者由于其他原因，随机样本将不能代表要解决的问题。那么什么是随机的？无论采用哪种策略，都应始终标注一些随机数据，以评估模型的准确性并将“主动学习”策略与随机选择项目的基准进行比较。不确定性采样是一种策略，用于识别当前机器学习模型中靠近决策边界的未标记项目。对于一个二元分类任务，这些项目将被预测接近属于任一标签的可能性为 50%，因此模型是“不确定”或“混乱”的。这些项目极有可能被错误分类，因此它们最有可能产生与预测标签不同的标签，一旦将它们添加到训练数据中并重新训练了模型，便会移动决策边界。

多样性采样也是一种策略，用于识别机器学习模型当前状态未知的未标记项目。这通常表示包含训练数据中很少或看不见的特征值组合的项目。多样性采样的目标是针对这些新的、异常的项目以获取更多标签，使机器学习算法更完整地了解问题空间。尽管“不确定性采样”是一个广泛使用的术语，但“多样性采样”在不同领域使用不同的名称，通常只能解决一部分问题。除“多样性采样”外，多样性采样类型的名称还包括“异常值检测”和“异常检测”。对于某些例子，例如，在天文学数据库中识别新现象或为安全起见检测奇怪的星象活动，任务本身的目标是识别异常，但我们可以在此处将其用作主动学习的采样策略。

与训练数据相比，其他类型的多样性采样(如代表性采样)正在尝试查找最像未标记数据的未标记项目。例如，“代表性采样”可能会在文本文档中找到未标记的项目，这些项目的单词在未标记的数据中确实很常见，但在训练数据中却尚未出现。因此，当我们知道数据随时间变化时，这是一种很好的实现方法。

多样性采样可能意味着使用数据集的固有属性，如标签的分布，人为为每个标签获取相等数量的人工标注，即使某些标签比其他标签少得多。多样性采样还可能意味着确保数据代表数据的重要外部属性，如确保数据来自数据中所代表人群的各种人口统计数据，以便克服数据中的现实偏见。

孤立地进行不确定性采样和多样性采样都存在缺点。不确定性采样可能只关注决策边界的一部分，多样性采样可能只关注与边界相距很远的离群值。因此，通常将这些策略一起使用，以找到可以最大化不确定性和多样性的未标记项目。

要注意的是，主动学习过程是迭代的。在“主动学习”的每次迭代中，都会选择一个项目并接收一个新的人工生成的标签。然后使用新项目重新训练模型，并重复该过程。迭代循环本身可以是多样性采样的一种形式。试想一下，只使用不确定性采样并且只能在迭代中从问题空间的一部分进行采样。在某些情况下，可能会解决问题空间那部分中的所有不确定性，因此下一次迭代将集中在其他地方。有了足够多的迭代，那么可能根本就不需要多样性采样。“不确定性采样”的每次迭代都将重点放在问题空间的不同部分，并且它们加在一起就足以获得用于培训的各种项目样本。正确实施的主动学习应具有自我纠正功能。每次迭代都会发现最适合人类标注的新数据。但是，如果数据空间的某些部分本来就是模棱两可的，则每次迭代都可能带着那些模棱两可的项目回到问题空间的同一部分。因此，通常明智的做法是同时考虑不确定性和多样性采样策略。

迭代次数和每次迭代中需要标注的项目数将取决于任务。翻译人员的一次按键操作足以指导机器学习模型进行不同的预测，而单个翻译的句子就足以训练数据以要求模型进行更新，理想情况下最多几秒钟。从用户体验的角度很容易理解：如果人工翻译纠正了某个单词的机器预测，但机器无法快速适应，那么人们可能需要(重新)纠正机器输出 100 倍。在翻译上下文高度相关的单词时，这是一个常见的问题。例如，我们可能想在新闻文章中按字面意思翻译一个人的名字，但在翻译小说时，将其翻译为本地名称。如果该软件在人们纠正不久后仍然犯同样的错误，那么这个结果是不太如人愿的。当然，在技术方面，快速适应模型要困难得多。例如，今天训练大型机器翻译模型需要一周或更长时间。根据人工翻译专家的经验，一个具备快速适应能力的翻译系统需要采用持续学习的方法。尽管目前还缺乏具有实时自适应能力的翻译应用程序，但越来越多的应用正在向这种方式靠拢。

什么是评估数据的随机选择？简单来讲，要一直对随机选择的保留数据进行评估，但实际上并不那么容易。如果已经根据关键字、时间或其他因素对正在处理的数据进行了预先筛选，那么已经拥有了一个非代表性的样本。该样本的准确性并不一定等同于更广泛的数据选择的准确性。

过去，人们使用著名的 ImageNet 数据集将机器学习模型应用于广泛的数据选择。规范的 ImageNet 数据集有 1000 个标签，每个标签描述了图像的类别，如“篮球”、“出租车”、“游泳”和其他主要类别。ImageNet 评估了来自该数据集的延迟数据，发现该随机延迟数据集里达到了接近人类水平的准确性。然而，如果把这些模型应用到随机选择的社交媒体平台上的图像，准确性就会马上下降到 10%左右。和每一个机器学习应用一样，数据也会随着时间的推移而改变。如果使用的是语言数据，那么人们谈论的话题会随着时间的推移而改变，语言本身也会在相当小的时间框架内得到创新和发展。如果使用的是计算机视觉数据，那么所遇到的物体类型会随着时间的推移而改变。有时同样重要的是，图像本身也会随着相机技术的进步和变化而改变。

如果不能定义一组有意义的随机评价数据，那么我们需要定义一个具有代表意义的评价数据集。虽然在定义数据集时，代表真正随机的样本是不存在的或者不是有意义的数据集，但是我们需要应用所给出的数据集再定义代表性的应用场景。我们可能希望为关心的每个标签选择一定数量的数据点，从每个时间段选择一定数量的数据点，或者从集群算法的输出中选择一定数量的数据点，以确保多样性。可能还希望有多个通过不同标准编译的评估数据集。一种常见的策略是从与训练数据相同的数据中抽取一个数据集，并且从不同的数据集中抽取一个或多个域外评估数据集。域外评估数据集通常来自不同类型的媒体或不同的时间段。对于大多数实际应用程序，建议使用域外评估数据集，因为这是一个最佳指标，可以显示模型对问题的真正概括程度，而不仅仅是该特定数据集的过度拟合。对主动学习来说，这可能很棘手，因为一旦开始标记数据，它就不再是域外的。如果可行，建议保留没有被应用于主动学习的域外评估数据集。然后可以看到主动学习策略是如何将问题概括化的，而不仅仅是适应和过度适应它遇到的场景。

什么时候使用主动学习？当只能标注非常小的一部分数据并且随机采样不能

覆盖数据的多样性时，应该使用主动学习。这涵盖了大多数真实场景，因为数据的规模在许多场景应用中是一个很重要的因素。一个很好的例子就是视频中的数据量。如果想在视频的每一帧中出现的每个对象周围都放一个包围框，将是非常耗时的。想象一下，这是一辆自动驾驶汽车和一个街道的视频，只关心大约 20 个物体，即 10 辆其他汽车、5 个行人和 5 个其他物体，如标志。以每秒 30 帧的速度，也就是 30 帧/s × 60s × 20 个物体。因此，需要为一分钟的数据创建 36000 个盒子。对于速度最快的人工标注器，至少需要 12h 才能获得一分钟的数据标注。

如果我们计算一下数据，就会发现这是多么复杂。在美国，假如人们平均每天开车 1h，这意味着美国人每年开车超过 1000 亿 h。每辆车的前面都会有一个摄像头来驾驶或协助驾驶，在美国一年的驾驶时间就需要花费 1000 亿 h 来标注。现在地球上没有足够的人给美国司机的视频加注释，不管一家自主汽车公司的注释预算是多少，它都将远远低于他们可用的注释数据量。因此，自动驾驶汽车公司的数据科学家需要对标注过程做出决定：视频中的每一帧都需要吗？我们能不能把这些视频取样，这样就不必全部加注释了？有没有方法可以为注释设计接口以加快进程？注释的难处在大多数情况下都是存在的：要注释的数据比把每个数据点放在人面前的预算或时间还要多。这可能就是任务首先使用机器学习的原因。如果有足够的预算和时间手动注释所有数据点，那么可能不需要机器学习。也有不需要主动学习的场景，尽管人在回路中的学习可能仍然是相关的。如果有一个小的数据集和让人手动标签一切的预算，那么不需要主动学习。在某些情况下，根据法律，人们必须对每个数据点进行标注。例如，法院命令的审计可能要求一个人检查公司内部的每一次通信，以发现潜在的欺诈行为。即便如此，尽管这个人最终需要查看每个数据点，但主动学习可以帮助他更快地找到“欺诈”的例子，并有助于确定最佳的用户界面供人们使用。事实上，这个过程就是今天所进行的审计的数量。也有一些少数的应用场景，在这些场景中，几乎不需要以任何方式进行主动学习。例如，如果正在监视工厂中能够持续照明的设备，那么应该很容易实现计算机视觉模型来确定给定的机器部件是“打开”还是“关闭”，是通过灯光还是通过机器上的开关来实现。由于机器、灯光、相机等不会随时间变化，一旦模型建立起来，可能不需要使用主动学习来获取训练数据。这些应用场景非常少，在实际的应用场景中，只有不到 1%的应用场景真正不需要更多的培训数据。

4.3.4 人在回路、机器学习与人机交互

几十年来，许多非常聪明的人在机器翻译的帮助下也无法使人工翻译更快、更准确[108]。把人工翻译和机器翻译结合起来是很有可能的，然而，当人工翻译需要从机器翻译输出中纠正一个或两个句子中的错误时，从头开始输入整个句子会

更快。在翻译时使用机器翻译句子作为参考，在速度上几乎没有什么区别，除非翻译人员非常小心谨慎，否则他们最终会在机器翻译中留下永久的错误，使他们的翻译结果不那么准确。

这个问题的最终解决方案不在于机器翻译算法的准确性，而在于用户界面。现代翻译系统不再编辑整句话，而是让人工翻译人员使用与手机、电子邮件和文档合成工具中常见的预测文本相同的方法。这使得翻译人员可以像往常一样输入译文，并快速按下 Enter 键或 Tab 键接受预测翻译中的下一个单词，每当机器翻译预测正确时，就可以提高整体速度。因此，最大的突破是人机交互，而不是潜在的机器学习。人机交互是计算机科学中一个成熟的领域，近年来对机器学习领域产生了重要的影响。当构建用于创建训练数据的接口时，相当于在绘制一个领域，该领域位于认知科学、社会科学、心理学、用户体验设计和其他几个领域的交叉点上。

通常，一个简单的网页表单就足以收集训练数据。这背后的人机交互原则同样简单：人们习惯于网页表单，因为他们每天都在看。表单是直观的，因为很多专业的人都在开发和改进网页表单。因此，如果人们知道一个简单的网页表单是如何工作的，就不需要对它们进行训练。另外，如果打破了这些已经熟悉的操作习惯，人们就会感到困惑，会被限制在预期的行为中。例如，可能对动态文本如何加速某些任务有一些想法，但它可能使更多的人感到困惑，而不是帮助他们。最简单的接口也是质量控制的最佳选择：二元响应。如果可以将标注项目简化或分解为二元任务，那么设计一个直观的界面就会容易得多，实现标注质量控制也会容易得多。然而，当处理更复杂的接口时，约定会变得更复杂。例如，要求人们在图像中某些物体周围放置多边形，这是自动驾驶汽车公司一个常见的应用场景。标注者期望什么样的模式？他们会期望徒手进行线条、画笔、颜色/区域的智能选择还是其他选择工具呢？如果人们习惯于在 Adobe Photoshop 这样的程序中处理图像，那么他们可能希望在为机器学习的图像标注时使用相同的功能。正如构建并受到人们对网页表单期望的约束一样，也受到人们对选择和编辑图像期望的约束。然而，如果要提供全功能接口，那么这些期望可能需要 100h 的编程来构建。

对于那些执行重复性任务(如创建训练数据)的人，应该尽可能避免移动鼠标，因为这是低效的。如果整个标注过程都可以在键盘上进行，包括标注本身和任何表单的提交或导航，那么标注器的节奏将得到极大的改进。如果必须包含鼠标，则应该使用丰富的标注来弥补输入速度较慢的缺陷。一些标注任务具有专门的输入设备。例如，将语音转录成文本的人经常使用脚踏板在音频记录中及时地向前和向后导航。这样他们的手就可以留在键盘上，把听到的内容转录出来。用脚导航比手离开主键来用鼠标或热键导航要有效得多。除了抄写之类的例外，键盘仍然是最受欢迎的。大多数标注任务没有抄写那么受欢迎，因此也没有开发出专门的输入设备。对于大多数任务，笔记本电脑或台式键盘也比平板电脑或手机的屏幕要快。在一个平面上打字时，眼睛要盯着输入，这种操作其实并不容易。所以除非是非常简单的二元选择任务或类似的任务，否则电话和平板电脑不适合做大容量数据标注。为了获得准确的训练数据，必须考虑到标注人员的关注点、他们的注意力范围以及可能导致他们出错或改变其行为的上下文影响。例如，语言学研究人员 Hay Drager 为了让人们区分澳大利亚口音和新西兰口音做了一个实验，称为“毛绒玩具和语音感知”。Hay Drager 将毛绒玩具猕猴和袋鼠放在房间的架子上，但是，他并没有向参与者提及房间内有这些毛绒玩具。令人难以置信的是，参与者会将猕猴在场时听到的口音判断为“听起来更像新西兰人”，而将袋鼠在场时听到的口音判断为“听起来更像澳大利亚人”。鉴于此，如果正在建立一个机器学习模型对口音，那么需要考虑上下文时收集的训练数据。

当事件的背景或顺序能够影响人类的感知时，这被称为启动。在创建训练数据时，最重要的是“重复启动”。重复启动是指一系列的任务会影响一个人的感知。例如，标注人员给社交媒体上的帖子贴上了情绪标签，而他们连续遇到 99 个负面情绪帖子，那么他们更有可能把第 100 个帖子贴上负面标签，而实际上它是正面的。这可能是因为这篇文章本身就模棱两可，也可能是标注人员因为重复的工作而失去了注意力而犯的一个简单错误。

通过评估机器学习预测来创建标签的利弊。组合机器学习和确保高质量标注的一种方法是使用一个简单的二元输入表单，让人们评估机器学习预测并确认/拒绝该预测。这是将更复杂的任务转换为二元标注任务的好方法。例如，可以通过一个简单的二元问题(不涉及复杂的编辑/选择接口)来询问某人围绕对象的包围框是否正确。类似地，很容易询问标注器某个词是否是文本中的“位置”，然后提供一个接口来有效地标注自由文本中的位置短语。但是，可能会关注局部模型的不确定性，并丢失问题空间的重要部分。因此，虽然可以通过简单地让人类评估机器学习模型的预测来简化接口和标注准确性评估，但是仍然需要一个多样性采样策略，即使它只是确保随机选择的项目也是可用的。

4.3.5 机器学习辅助人工与人工辅助机器学习

人在回路机器学习可以有两个不同的目标：使用人工输入使机器学习应用程序更准确，以及使用机器学习改进人工任务[108]。

这两者有时是结合在一起的，机器翻译就是一个很好的例子。人工翻译通过使用机器翻译来建议人们选择接受或拒绝的单词/短语，从而加快速度，就像在打字时，手机会预测下一个单词一样。这是一个机器学习辅助的人工处理任务。由于人工翻译数据和机器翻译数据的内容相似，机器翻译系统从人工翻译的数据中获得的准确性会随着时间的推移而提高。因此，这些系统实现了两个目标：让人类更有效率、让机器更加精确。搜索引擎是另一个人在回路机器学习的例子。搜索引擎是人工智能的一种形式，它在通用搜索和特定应用场景(如电子商务和导航)中无处不在。当在网上搜索一个网页，并且点击的是搜索结果的第四个链接而不是第一个链接时，这个过程其实是在训练搜索引擎(信息检索系统)，使第四个链接成为查询内容更好的顶部响应。有一种普遍的误解认为搜索引擎只接受来自最终用户的反馈。事实上，所有主要的搜索引擎都雇用了数以千计的标注者来人工评估和调整它们的搜索水平。这个应用场景——评估搜索相关性是机器学习中人类标注的最大应用场景。虽然最近流行计算机视觉应用场景(如自动驾驶汽车)和语音应用场景(如家用设备和手机)，但搜索相关性仍然是专业人工标注的最大应用场景。

无论如何，大多数人在回路的机器学习任务都有一些机器学习辅助人工和人工辅助机器学习的元素。

4.4 人类知识

4.4.1 知识图谱的概念

人工智能分为三个阶段，即机器智能、感知智能和认知智能。

机器智能更多地强调这些机器的运算能力、大规模的集群处理能力，以及GPU(图形处理器)的处理能力[109]。在这个基础之上出现了感知智能，感知智能就是语音识别、图像识别，如从图像里识别出一个猫或人脸。并非只有人类具有感知智能，动物也会有这样的一些感知智能。再往上一层的认知智能是人类所特有的建立在思考的基础之上。认知的建立是需要思考的能力，而思考建立在知识的基础之上，必须有知识的基础，有一些常识，才能建立思考，形成一个推理机制。人工智能需要从感知智能迈向认知智能，本质上知识是一个基础，然后基于知识进行推理，刚好知识图谱具备这样的一个属性。知识图谱的本质是一种语义网络，用图(数据结构)的形式描述客观事物，即由节点和边组成，这也是知识图谱的真实含义。其中：

(1) 节点用来表示概念和实体，概念是抽象的事物，实体是具体的事物；

(2) 边表示事物的关系和属性，事物的内部特征用属性来表示，外部联系用关系来表示。

当将实体和概念统称为实体，关系和属性统称为关系时，知识图谱可以说是描述实体以及实体之间的关系。简单来说，知识图谱就是用图理论表现人类的知识，使得计算机能够理解它们的语义。换句话说，知识图谱是一种通过图来表现知识的方式，这种方式能够让计算机进行推理，从而回答一些问题。从功能角度来定义的话，知识图谱中信息一般以三元组的方式进行组织，通常有(实体，关系，实体)和(实体，属性，值)两种形式。

4.4.2 知识图谱的构建

1. 知识图谱的规模

据不完全统计，谷歌知识图谱到目前为止包含了约 5 亿个实体和 35 亿条事实(形如实体-属性-值和实体-关系-实体)[110]。其知识图谱是面向全球的，包含了实体和相关事实的多语言描述。不过相比占主导的英语，仅包含其他语言(如中文)的知识图谱的规模则小了很多。与此不同的是，百度和搜狗主要针对中文搜索推出知识图谱，其知识库中的知识也主要以中文来描述，其规模略小于谷歌的知识图谱。

2. 知识图谱的数据来源

为了提高搜索质量，特别是提供如对话搜索和复杂问答等新的搜索体验，不仅要求知识图谱包含大量高质量的常识性知识，还要能及时发现并添加新的知识[110]。在这种背景下，知识图谱通过收集来自百科类站点和各种垂直站点的结构化数据来覆盖大部分常识性知识。这些数据普遍质量较高，更新比较慢。而另一方面，知识图谱通过从各种半结构化数据(形如网页表格)抽取相关实体的属性-值对来丰富实体的描述。此外，通过搜索日志发现新的实体或新的属性从而不断扩展知识图谱的覆盖率。相比高质量的常识性知识，通过数据挖掘抽取得到的知识数据更大，更能反映当前用户的查询需求并能及时发现最新的实体或事实，但其质量相对较差，存在一定的错误。这些知识可利用互联网的冗余性在后续的挖掘中通过投票或其他聚合算法来进行置信度评估，并通过人工审核加入知识图谱中。

1) 百科类数据

维基百科，通过协同编辑，已经成为最大的在线百科全书，其质量可以与大英百科媲美。可以通过以下方式从维基百科中获取所需的内容：①通过文章页面抽取各种实体；②通过重定向页面获得这些实体的同义词；③通过去歧义页面和内链锚文本获得它们的同音异义词；④通过概念页面获得各种概念及其上下文关系；⑤通过文章页面关联的开放分类抽取实体所对应的类别；⑥通过信息框抽取实体所对应的属性-值对和关系-实体对。类似地，从百度百科和互动百科抽取各种中文知识来弥补维基百科中文数据不足的缺陷。此外，Freebase 是另一个重要的百科类数据源，其包含超过 3900 万个实体和 18 亿条事实，规模远大于维基百科。对比之前提及的知识图谱的规模，我们发现仅 Freebase 一个数据源就构成了谷歌知识图谱的半壁江山。更为重要的是，维基百科所编辑的是各种词条，这些词条以文章的形式来展现，包含各种半结构化信息，需要通过事先制定的规则来抽取知识；而 Freebase 则直接编辑知识，包括实体及其包含的属性和关系，以及实体所属的类型等结构化信息，因此不需要通过任何抽取规则即可获得高质量的知识。虽然开发 Freebase 的母公司 MetaWeb 于 2010 年被谷歌收购，但 Freebase 还是作为开放的知识管理平台独立运行。所以百度和搜狗也将 Freebase 加入其知识图谱中。

2) 结构化数据

除了百科类的数据，各大搜索引擎公司在构建知识图谱时，还考虑其他结构化数据。其中，LOD(linked open data，开放互联数据)项目在发布各种语义数据的同时，通过 owl：sameAs 将新发布的语义数据中涉及的实体和 LOD 中已有数据源所包含的潜在同一实体进行关联，从而实现了手工的实体对齐。LOD 不仅包括如 DBpedia 和 YAGO 等通用语义数据集，还包括如 MusicBrainz 和 DrugBank 等特定领域的知识库。因此，谷歌等通过整合 LOD 中的部分语义数据提高知识的覆盖率，尤其是垂直领域的各种知识。此外，Web 上存在大量高质量的垂直领域站点(如电商网站、点评网站等)，这些站点被称为 Deep Web。它们通过动态网页技术将保存在数据库中的各种领域相关的结构化数据以 HTML(超文本标记语言)表格的形式展现给用户。各大搜索引擎公司通过收购这些站点或购买其数据来进一步扩充其知识图谱在特定领域的知识。这样做出于三方面原因：①大量爬取这些站点的数据会占据大量带宽，导致这些站点无法被正常访问；②爬取全站点数据可能会涉及知识产权纠纷；③相比静态网页的爬取，Deep Web 爬虫需要通过表单填充技术来获取相关内容，且解析这些页面中包含的结构化信息需要额外的自动化抽取算法。

3) 半结构化数据挖掘属性-值对(AVP)

虽然从 Deep Web 爬取数据并解析其中所包含的结构化信息面临很大的挑战，各大搜索引擎公司仍在这方面投入了大量精力。一方面，Web 上存在大量长尾的结构化站点，这些站点提供的数据与最主流的相关领域站点所提供的内容具有很强的互补性，因此对这些长尾站点进行大规模的信息抽取(尤其是实体相关的属性-值对的抽取)对于知识图谱所含内容的扩展是非常有价值的。另一方面，中文百科类的站点(如百度百科等)的结构化程度远不如维基百科，能通过信息框获得垂直站点爬虫，AVP 的实体非常稀少，大量属性-值对隐含在一些列表或表格中。一个切实可行的做法是构建面向站点的包装器。其背后的基本思想是：一个 Deep Web 站点中的各种页面由统一的程序动态生成，具有类似的布局和结构。利用这一点，我们仅需从当前待抽取站点采样并标注几个典型详细页面，利用这些页面通过模式学习算法自动构建出一个或多个以类 Xpath 表示的模式，然后将其应用在该站点的其他详细页面中，从而实现自动化的 AVP 抽取。对于百科类站点，我们可以将具有相同类别的页面作为某个“虚拟”站点，并使用类似的方法进行实体 AVP 的抽取。自动学习获得的模式并非完美，可能会遗漏部分重要的属性，也可能产生错误的抽取结果。为了应对这个问题，搜索引擎公司往往通过构建工具来可视化这些模式，并通过人工调整或新增合适的模式用于抽取 AVP。此外，通过人工评估抽取的结果，将那些抽取结果中令人不满意的典型页面进行再标注来更新训练样本，从而达到主动学习的目的。

4) 通过搜索日志进行实体和实体属性等挖掘

搜索日志是搜索引擎公司积累的宝贵财富。一条搜索日志形如〈查询，点击的页面链接，时间戳〉。通过挖掘搜索日志，往往可以发现最新出现的各种实体及其属性，从而保证知识图谱的实时性。这里侧重于从查询的关键词短语和点击的页面所对应的标题中抽取实体及其属性。选择查询作为抽取目标的意义在于其反映了用户最新最广泛的需求，从中能挖掘出用户感兴趣的实体以及实体对应的属性。而选择页面的标题作为抽取目标的意义在于标题往往是对整个页面的摘要，包含最重要的信息。据百度统计，90%以上的实体可以在网页标题中被找到。为了完成上述抽取任务，一个常用的做法是：针对每个类别，挑选出若干属于该类的实体(及相关属性)作为种子，找到包含这些种子的查询和页面标题，形成正则表达式或文法模式。这些模式将被用于抽取查询和页面标题中出现的其他实体及其属性。如果当前抽取所得的实体未被包含在知识图谱中，则该实体成为一个新的候选实体。类似地，如果当前被抽取的属性未出现在知识图谱中，则此属性成为一个新的候选属性。这里，我们仅保留置信度高的实体及其属性，新增的实体和属性将被作为新的种子发现新的模式。此过程不断迭代直到没有新的种子可以加入或所有的模式都已经找到且无法泛化。在决定模式的好坏时，常用的基本原则是尽量多地发现属于当前类别的实体和对应属性，尽量少地抽取出属于其他类别的实体及属性。上述方法被称为基于 Bootstrapping 的多类别协同模式学习。

3. 从抽取图谱到知识图谱

上述所介绍的方法仅仅是从各种类型的数据源抽取构建知识图谱所需的各种候选实体(概念)及其属性关联，形成了一个个孤立的抽取图谱[110]。为了形成一个真正的知识图谱，需要将这些信息孤岛集成在一起。下面对知识图谱挖掘所涉及的重要技术点逐一进行介绍。

1) 实体对齐

实体对齐旨在发现具有不同 ID 却代表真实世界中同一对象的那些实体，并将这些实体归并为一个具有全局唯一标识的实体对象添加到知识图谱中。虽然实体对齐在数据库领域被广泛研究，但面对如此多异构数据源上的 Web 规模的实体对齐，这还是第一次尝试。各大搜索引擎公司普遍采用的方法是聚类。聚类的关键在于定义合适的相似度度量。这些相似度度量遵循如下观察：具有相同描述的实体可能代表同一实体(字符相似)；具有相同属性-值的实体可能代表相同对象(属性相似)；具有相同邻居的实体可能指向同一个对象(结构相似)。在此基础上，为了解决大规模实体对齐存在的效率问题，各种基于数据划分或分割的算法被提出，它们将实体分成一个个子集，在这些子集上使用基于更复杂的相似度计算的聚类并行地发现潜在相同的对象。另外，利用来自如 LOD 中已有的对齐标注数据(使用 owl：sameAs 关联两个实体)作为训练数据，然后结合相似度计算使用如标签传递等基于图的半监督学习算法发现更多相同的实体对。无论何种自动化方法都无法保证 100%的准确率，所以这些方法的产出结果将作为候选供人工进一步审核和过滤。

2) 知识图谱 schema 构建

在之前的技术点介绍中，大部分篇幅均在介绍知识图谱中数据层的构建，而没有过多涉及模式层。事实上，模式是对知识的提炼，而且遵循预先给定的 schema 有助于知识的标准化，更利于查询等后续处理。为知识图谱构建 schema 相当于为其建立本体。最基本的本体包括概念、概念层次、属性、属性值类型、关系、关系定义域概念集以及关系值域概念集。在此基础上，我们可以额外添加规则或公理来表示模式层更复杂的约束关系。面对如此庞大且领域无关的知识库，即使是构建最基本的本体，也是非常有挑战的。谷歌等公司普遍采用的方法是自顶向下和自底向上相结合的方式。这里，自顶向下的方式是指通过本体编辑器预先构建本体。当然这里的本体构建不是从无到有的过程，而是依赖从百科类和结构化数据得到的高质量知识中所提取的模式信息。更值得一提的是，谷歌知识图谱的 schema 是在其收购的 Freebase 的 schema 基础上修改而得的。Freebase 的模式定义了领域、类别和主题(即实体)。每个领域有若干类别，每个类别包含多个主题且和多个实体关联，这些实体规定了属于当前类别的那些主题需要包含的属性和关系。定义好的模式可被用于抽取属于某个类别或满足某个主题的新实体(或实体对)。自底向上的方式则通过上面介绍的各种抽取技术，特别是通过搜索日志和 Web Table 抽取发现的类别、属性和关系，并将这些置信度高的模式合并到知识图谱中。合并过程将使用类似实体对齐的算法。对于未能匹配原有知识图谱中模式的类别、属性和关系，作为新的模式加入知识图谱供人工过滤。自顶向下的方法有利于抽取新的实例，保证抽取质量，而自底向上的方法能发现新的模式。两者是互补的。

3) 不一致性的解决

当融合来自不同数据源的信息构成知识图谱时，有一些实体会同时属于两个互斥的类别(如男女)或某个实体所对应的一个实体(如性别)对应多个值。这样就会出现不一致性。这些互斥的类别对以及功能实体可以看成是模式层的知识，通常规模不是很大，可以通过手工指定规则来定义。而由于不一致性的检测要面对大规模的实体及相关事实，纯手工的方法将不再可行。一个简单有效的方法是充分考虑数据源的可靠性以及不同信息在各个数据源中出现的频度等因素来决定最终选用哪个类别或哪个属性值。也就是说，我们优先采用可靠性高的数据源(如百科类或结构化数据)抽取得到的事实。另外，如果一个实体在多个数据源中都被识别为某个类别的实例，或某个功能实体在多个数据源中都对应相同的值，那么我们倾向于最终选择该类别和该值(注：在统计某个类别在数据源中出现的频率前需要完成类别对齐计算)。类似地，对于数值型的属性值我们还需要额外统一它们所使用的单位。

4. 知识图谱上的挖掘

通过各种信息抽取和数据集成技术已经可以构建 Web 规模的知识图谱。为了进一步增加图谱的知识覆盖率，需要进一步在知识图谱上进行挖掘。下面将介绍几项重要的基于知识图谱的挖掘技术。

1) 推理

推理被广泛用于发现隐含知识。推理功能一般通过可扩展的规则引擎来完成。知识图谱上的规则一般涉及两大类。一类是针对属性的，即通过数值计算来获取其属性值。例如：知识图谱中包含某人的出生年月，我们可以通过当前日期减去其出生年月获取其年龄。这类规则对于那些属性值随时间或其他因素发生改变的情况特别有用。另一类是针对关系的，即通过(链式)规则发现实体间的隐含关系。

2) 实体重要性排序

搜索引擎识别用户查询中提到的实体，并通过知识卡片展现该实体的结构化摘要。当查询涉及多个实体时，搜索引擎将选择与查询更相关且更重要的实体来展示。实体的相关性度量需在查询时在线计算，而实体的重要性与查询无关，可离线计算。搜索引擎公司将 PageRank 算法应用在知识图谱上来计算实体的重要性。和传统的 Web Graph 相比，知识图谱中的节点从单一的网页变成了各种类型的实体，而图中的边也由连接网页的超链接变成丰富的各种语义关系。由于实体和语义关系的流行程度以及抽取的置信度均不同，而这些因素将影响实体重要性的最终计算结果，因此，各大搜索引擎公司嵌入这些因素来刻画实体和语义关系的初始重要性，从而使用带偏的 PageRank 算法。

3) 相关实体挖掘

在相同查询中共现的实体，或在同一个查询会话中被提到的其他实体称为相关实体。一个常用的做法是将这些查询或会话看成是虚拟文档，将其中出现的实体看成是文档中的词条，使用主题模型(如 LDA)发现虚拟文档集中的主题分布。其中每个主题包含 1 个或多个实体，这些在同一个主题中的实体互为相关实体。当用户输入查询时，搜索引擎分析查询的主题分布并选出最相关的主题。同时，搜索引擎将给出该主题中与知识卡片所展现的实体最相关的那些实体作为“其他人还搜了”的推荐结果。

5. 知识图谱上的更新和维护

1) Type 和 Collection 的关系

为了保证知识图谱的 schema 质量，必须由专业团队进行审核和维护。以谷歌知识图谱为例，目前定义的类别数在 10^3～10^4 数量级。为了提高知识图谱的覆盖率，搜索引擎公司还通过自动化算法从各种数据源抽取新的类型信息(也包含关联的属性信息)，这些类型信息通过一个称为 Collection 的数据结构保存，它们不是马上被加入到知识图谱 schema 中，有些信息第一天生成第二天就被删除了，有些信息则能长期保留在 Collection 中。如果 Collection 中的某一种信息能够长期保留，发展到一定程度后，则由专业的人员进行决策和命名并最终成为一种新的类别。

2) 结构化站点包装器的维护

站点的更新常常会导致原有模式失效。搜索引擎会定期检查站点是否存在更新。如果检测到现有页面(原先已爬取)发生了变化，搜索引擎会检查这些页面的变化量，同时使用最新的站点包装器进行 AVP 抽取。如果变化量超过事先设定的阈值且抽取结果与原先标注的答案差别较大，则表明现有的站点包装器失效了。在这种情况下，需要对最新的页面进行重新标注并学习新的模式，从而构建更新的包装器。

3) 知识图谱的更新频率

加入到知识图谱中的数据不是一成不变的，类别对应的实例往往是动态变化的。例如，随着时间的推移，美国总统可能对应不同的人。由于数据层的规模和更新频度都远超 schema 层，搜索引擎公司利用其强大的计算保证图谱每天的更新都能在 3h 内完成，也能保证实时热点在事件发生 6h 内在搜索结果中反映出来。

4) 众包反馈机制

除了搜索引擎公司内部的专业团队对构建的知识图谱进行审核和维护，还依赖用户来帮助改善图谱。具体来说，用户可以对搜索结果中展现的知识卡片所列出的实体相关的事实进行纠错。当很多用户都指出某个错误时，搜索引擎将采纳并修正。这种利用群体智慧的协同式知识编辑是对专业团队集中式管理的互补。

4.4.3 知识抽取

知识图谱构建过程中，最主要的一个步骤就是把数据从不同的数据源中抽取出来，然后按一定的规则加入到知识图谱中，这个过程称为知识抽取[111]。

知识抽取主要是在完成一系列分词、词性标注等 NLP 任务等的基础上，从打上词性标签的句子中抽取信息。现有的抽取系统主要有 OpenIE、ConceptNet、NELL、KnowledgeVault。我们先简单地了解一下一个新知识从接触到最后应用的过程。

(1) 输入层输入：主要是指从外界获取知识的方式，例如，知识是通过书本、文章或音视频等方式获得。

(2) 大脑层加工：主要是关于原始知识的处理、处理后知识的储备以及提供对外使用的抽取方式。

(3) 处理：对原始知识的理解，提供给后续应用知识的基本信息，包括对知识本身的理解，以及将该知识与已有知识建立联系后的内化。将处理后的知识存储到大脑的知识库中。后续应用过程能抽取到的信息量的多少，很大程度上取决于处理阶段的加工能力，加工能力强的对知识的理解更全面，存储到知识库的信息量更大。

(4) 知识库存储：用于存储知识。好的知识库应当分门别类进行归档处理，比如大部分人的知识库可以分为专业知识库、通用知识库和日常知识库。专业知识库主要存储的是我们个人专业领域的知识，如职业技能和专业的兴趣研究方面。通用知识库主要存储一些通用知识，这方面的知识涉及面广，掌握一些主要知识和主要模型即可，如数学、物理、化学、生物学科的知识。日常知识库主要存储我们日常生活中用到的知识，如运动常识、交通常识、家庭环境整理常识等。

(5) 抽取：用于知识库对外的接口，提供知识对外界使用的方式，涉及如何将知识与实际问题建立联系，这也是接下来重点讨论的。

(6) 输出层输出：在前面从知识库中抽取出有效知识后，将知识应用到实际问题，让知识发挥效用。

关于知识的抽取主要有两种方式，一种是主动去知识库中抽取，另一种是知识自动从知识库中跳出来。主动去知识库中抽取这种方式，首先要建立去知识库中抽取知识这种意识，因为人脑遇见问题要么是懒于思考，要么是走捷径，会导致我们忽视了要去知识库中抽取知识。其次要对实际问题进行分析，定位出它属于什么大范畴的类型，是属于专业知识库、通用知识库还是日常知识库？(当然，一个问题从不同角度去分析，可以归属于不同的类型或多个类型的混合体，这个暂不讨论)，再缩小范围将它定位到某个具体的知识点，如何判断是否符合某个具体的知识点？要结合该知识点的定义、本质和原理进行判断。知识的原理是不会改变的，但知识的应用却是千变万化的，实际问题就是知识的应用形式。总而言之，这种知识抽取的方式，是按照逻辑条理性按部就班地去匹配知识，这要求我们个人的知识库要有条理性，抽取方式的步骤也要有条理性，才能找到准确的对应知识。知识自动从知识库跳出来，是说我们遇到一个实际问题时，只是了解了基本情况，还没有主观能动地去系统分析该问题，解决该问题要应用的知识点已经无意识地自动跳到我们的当前想法中。这种状态并不是空中楼阁、一蹴而就，而是建立在很扎实的基础前提下，如很专业的个人知识库的分门别类、知识库中各个知识点的本质化理解、熟练的主动抽取方式。这是一种理想化的状态，其实是对知识抽取方式融会贯通的体现。在日常生活中我们偶尔也会进入这种状态，例如遇到某个新问题时，大脑中已经立即浮现出最佳的解决思路。

在信息抽取的过程中主要包含如下三个任务：如何确定领域知识？如何抽取三元组？如何评估抽取出的三元组的可靠性？针对每一个任务，当前均有三种解决方式，即监督(纯手工)、半监督(人机交互)、无监督(机器学习)[111]。

以下将简略介绍针对每一个任务的三种解决方式。

任务 1：领域知识的确定。

之所以要确定领域知识，一方面是为了在信息抽取任务中可以有效避免语义漂流，另一方面是为了在后期的评估任务中可以过滤掉悖于领域知识的三元组。

(1) 监督。需要领域专家知识来构造高层语义网络，精度高但代价昂贵。

(2) 半监督。人工列出所需构建的实体和实体之间的层次关系。利用机器学习的方式从语料库中学习实体之间的关系。

(3) 无监督。将句子中的任何动词作为关系，任何名词作为实体。精度低，容易引入噪声。

任务 2：三元组的抽取。

(1) 监督。需要领域专家知识手工编写规则/模式，例如，用“A work for B”来描述雇佣关系，然后将这样的规则/模式应用于句子，来挖掘出具体的三元组。

(2) 半监督。人工给出种子实例，如“(张三，华为)，(李四，小米)”。然后交给机器，学习出这类种子实例中所包含的模式——“A 为 B 工作”。接着利用该模式挖掘新的符合该模式的实例，再将这些新的实例加入种子实例中。所以，上述过程是一个 Bootstrap 的过程。在这个过程中，还可以引入人工互动。例如，对机器学习到的模式，可以进行人工筛选。对新学习到的三元组实例可以标注正负例。

(3) 无监督。将句子中符合一定语法规则的动词作为关系，将该动词左右的名词作为实体。

任务 3：可靠性评估。

(1) 监督。人工设计评估函数，或从大规模打好标签数据中学习到特定的评估函数。耗时长，精度高。

(2) 半监督。迭代的方法。打标签的数据和未打标签的数据共存，不断迭代。

(3) 无监督。一个模式的得分正比于抽取出该模式所使用到的实例个数。一个三元组的得分正比于抽取出该三元组所使用到的模式个数。

高性能计算机、宽带通信网络与高密度存储设备的飞速发展，使处理、传输、存储海量信息已成可能[112]。然而，信息并不等于知识，目前绝大多数的信息没有被充分利用。“堆积如山”的信息已形成了巨大的信息矿床。“挖掘”信息矿床，即选择、识别、理解与译读信息，把信息变成知识，成为 21 世纪信息技术应用的主要瓶颈之一。智能信息处理研究图像、语音和自然语言的计算机识别与理解，它不仅是更高的人机交互方式的主要技术源泉，而且是知识挖掘的技术基础。知识挖掘的目标是将大量非结构化的多媒体信息融合成有序的、分层次的、易于理解的信息，并进一步转换成可用于预测与决策的知识。

人机交互系统的效果由两部分决定，一部分是引擎能力，另一部分就是知识。引擎稳定后，知识的发现、补充和优化就成了最重要的事情[113]。知识挖掘是人机交互系统的重要支撑模块。知识挖掘的引入为人机交互系统带来了知识算力，即发现隐藏知识的能力；同时，结合标注平台引入的人脑脑力，知识挖掘使得人机交互系统具备强大的收拢知识的能力，从而为人机交互系统提供坚实的知识基础，充分支撑系统内图谱、问答、推荐、语义检索等众多能力。传递知识的信息有两大类，一是视觉信息(或称图像信息)；二是以声音与文字传递的语言信息。这两类信息的机器理解及基于内容理解的知识挖掘是国际公认的“重大挑战问题”。知识挖掘根据信息载体的不同，可分为图像知识挖掘(当前研究内容即下文所述的“基于内容的图像与视频信息检索”)、数据挖掘与文本挖掘。应该指出的是，受当前科学与计算机技术的限制，上述三个方向虽都可以说是知识挖掘，但层次不同。从原始信息到高层知识的各阶段，分为特征层、语义与逻辑关系层、内容层和知识层。这种划分是本书作者在研究工作中的思考，并无严格的形式化，层次间也无严格的界定，如语义与逻辑关系层和内容层，前者更侧重局部语义信息，而后者是对整体(如整幅图像、一段视频信息、一篇文章等)内容的理解；内容层与知识层的主要差别是，后者主要是在具体信息内容理解的基础上，结合人类长期积累的知识(包括常识)所推断的有助于决策的知识。事实上，图像内容理解最困难，因此，当前的大量工作尚停留在第一与第二层次，对数据挖掘与文本挖掘的有些工作已到达第四层次。如此，加以一定的人机协作，基于人机交互的系统，可以进入四个层次，构成计算机辅助的决策支持系统。

4.5　混合人机协同场景

4.5.1　医学图像分割

医学图像分割是医学图像处理和分析的关键步骤，也是其他高级医学图像分析和解释系统的核心组成部分。医学图像分割已被广泛认为是医学图像结构和功能分析、诊断和治疗等后续医学图像过程中必不可少的步骤。医学图像的分割为目标分离、特征提取和参数的定量测量提供了基础和前提条件，使得更高层的医学图像理解和诊断成为可能[114]。交互式图像分割已广泛应用于自然图像和医学图像。“互动性”是指操作者为分割模型提供一些提示，以达到更好的分割效果。分割过程可以分为两个任务，即识别和描绘。识别的任务是粗略地确定一个物体在图像中的位置，而轮廓则是确定物体的精确范围。在大多数识别任务中，人类用户的表现都优于计算机，而计算机通常更擅长描述。交互式或半自动方法试图将人与计算机的能力结合起来，让人类用户进行识别，而由计算机进行描述。一个成功的半自动方法结合了这些能力，以减少用户交互时间，同时保持严格的用户控制，以保证结果的正确性。基于轮廓图像连同以某种形式给出的用户交互产生图像分割结果，因此 Grady 提出了以下性质，认为一个成功的轮廓方法应该满足四个要求：①快速计算；②快速编辑；③通过足够的互动，有能力产生一个部分分割；④直观的分割。

前两个要求与分割过程计算部分的速度有关。理想情况下，当用户更改算法的输入数据时，应该立即更新分割结果。交互式分割是一个迭代的过程。通常，从一个迭代到下一个迭代的用户输入变化相对较小。可以通过重用来自以前解决方案的信息来加速当前输入的解决方案的计算。通过这种方式，可以实现快速编辑。第三个要求与用户控制有关。一个好的描述方法通常只需要适度的用户交互就可以产生想要的结果。然而，总会有描述方法不能产生一个期望分割的情况。在这些情况下，重要的是用户可以重写描绘方法的结果，在最坏的情况下诉诸手动描绘。自动分割方法的目的是产生正确的分割结果。在交互式分割中，结果的正确性是由用户来判断的。因此，描述方法的目标主要不是生成绝对意义上正确的分段，而是生成捕获用户意图的分段。第四个要求强调了这一点。显然，这个要求相当模糊，因此很难量化。一个常见的假设是，期望分割的边界应该与图像中对比度高的区域一致，如强边缘。轮廓方法也应该在退化图像上执行一致和可预测的，如有噪声或缺少数据的图像。所有的交互式分割方法都受用户输入变量的影响，分割结果是可重复的。因此，相对于“小”变化的用户输入，它可取的轮廓是稳健的。区分不同的描绘方法的另一个特征是同时分割多个物体的能力。

再看用户提供识别信息的机制，即用户在分割过程中向勾画算法提供的输入类型。在最基本的层次上，用户交互可能涉及一些控制分割算法的参数集的规范。然而，这种类型的交互通常不允许我们进行所寻求的高层次用户交互。相反，我们主要关心的是使用图形输入的方法，其中用户通过在图像域中做标注来引导分割。这种类型的输入通常以以下三种形式之一提供。

(1) 初始化：要求用户提供一个“接近”期望分割的初始分割边界。

(2) 边界约束：要求用户提供所需分割边界的片段。

(3) 区域约束：要求用户对图像元素进行局部标记(例如，将少量图像元素标记为“对象”或“前景”)。

在医学影像处理领域，图像分割也已在肿瘤和其他病理位置定位、组织体积测量、解剖学研究、计算机辅助手术、治疗方案制定以及临床辅助诊断等多个场景证明了其价值。在治疗心血管疾病过程中，心血管专家需要凭借经验来对心脏MRI 检查影像进行判读，不仅费时费力，而且错误率较高，在解释图像时也容易受到主观因素的影响，导致漏诊和误诊。目前西门子医疗与英特尔开展一系列创新医疗人工智能应用的研究，并将人工智能应用到心脏病学与放射性影像分析中[115]。该人工智能模型(图 4.1)基于 Dense U-net，可对心脏的左右心室进行语义分割，并可扩展到四个腔室。人工智能模型的输入是跳动心脏的 MRI 的堆叠，输出则是识别心脏的区域以及结构，其中每个结构都会被颜色编码。这样可以实现原先需要人工识别标注的过程，从而加快影像判读速度。

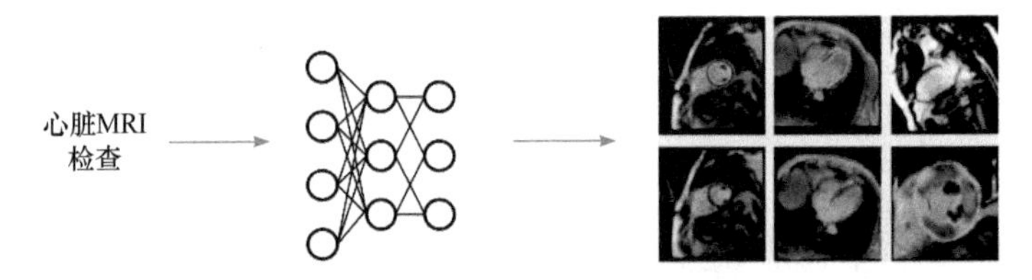

图 4.1　西门子医疗与英特尔一起研究的人工智能模型

4.5.2　知识图谱微调

随着近年来实体链接技术的进步，学术界和工业界花费大量精力构建了很多大型知识图谱，如数据集 DBpedia 和 NELL 等。这些知识图谱是帮助机器更深入地理解文本语义和提高信息检索结果质量的重要工具，在智能问答、关系抽取和推荐系统等领域拥有广泛的应用。然而，知识图谱大都基于语料库以自动化或半自动化的构建方法生成，这使得数据缺失和数据错误在知识图谱中大量存在。因此，基于规则的知识图谱精化方法因其兼具高可解释性、高效率和自动化处理的优点而受到了越来越多的关注。然而，单纯依靠领域专家人工编写或机器从已有图谱数据中挖掘生成的知识图谱规则分别在数量和质量上不能达到理想水平。

目前的知识图谱精化方法可以大体分为基于众包、基于嵌入和基于规则三个类型。其中，基于众包的方法具有高可解释性的优点，但是可扩展性相对较差，用于精化大规模知识图谱时，为保证成效通常需要花费昂贵的众包预算。基于嵌入的方法试图将知识图谱中实体和关系的信息表示为稠密低维实值向量，具有高可扩展性和全自动化的优点，但其基于大数据的嵌入学习过程可解释性较低，并且机器学习到的嵌入表示的质量会受到数据稀疏性的负面影响。在知识图谱中，数据稀疏是普遍存在的现象，即通常有很大一部分实体上只连接有少量的关系，这使得基于嵌入的方法在用于精化知识图谱时，难以获得理想的效果。基于规则的方法相比于前两者，兼具高可解释性、高效率和自动化处理的优点，但其准确率很大程度上依赖于规则的质量。知识图谱规则是知识图谱中的一些具有较高准确率和覆盖度的模式，这些模式有助于发现知识图谱中的数据缺失和数据错误，并针对这些缺失和错误进行纠错和补全，即知识图谱推理或知识图谱精化。如知识图谱规则：

$$\text{birthDate}(\text{subject},v_0)\wedge \text{birthDate}(\text{object},v_1)\wedge >(v_0,v_1)\Rightarrow \neg\text{parent}(\text{subject},\text{object})$$

暗示了如果一个人出生比另一个人晚，那么他不可能是另一个人的父母。在知识图谱精化任务中，规则既可以在基于概率的算法中直接应用，也可以与嵌入结合应用，以降低数据稀疏性对嵌入学习的负面影响。规则的具体定义在不同的研究任务中可以分为很多类型，如霍尔型规则、封闭路径型规则、语义关联型规则等，创建所有这些不同规则定义的最终目的都是探索特定的知识图谱推理任务中规则表现力与规则挖掘难度的平衡点，便于搜索出数量以及质量上更优的规则以提升目标任务的表现。知识图谱的规则主要源于领域专家的编写和机器算法从已有图谱数据中的挖掘生成。领域专家编写的规则一般有着较高的质量但人工成本高昂，因而规则数量和规则在知识图谱中的覆盖面都明显受限。相比之下，机器自动挖掘的规则可以有更大的数量并且更全面地覆盖到大型知识图谱的不同三元组，但规则质量相对较低。因此，难以单纯依靠人工编写规则或机器生成规则来提升大型知识图谱的数据质量。

综上所述，高质量的规则可以极大地提升知识图谱精化的可解释性和效果，但目前基于人工编写或机器生成的方法获得的规则分别在数量和质量上无法满足对大型知识图谱进行补全和纠错的需求。针对这样的问题，可以采取一种知识图谱规则众包挖掘框架。框架使用众包的方式挖掘知识图谱规则并同时精化知识图谱，因而结合了人类和机器双方的优势，可以弥补现有规则挖掘方法的不足，获取更多更高质量的知识图谱规则。同时，相比直接使用众包修正和补全知识图谱，框架借助规则作为桥梁来达成同样的目标，节省了众包的预算。

众包是近年来出现的在线和分布式问题解决模型。在互联网上，多种多样的众包系统吸引了众多注意力，典型的例子包括维基百科、StackOverflow、Linux 系统，以及众多基于亚马逊 Mechanical Turk 的众包系统。利用众包这一功能强大的工具实现人在回路，从而清洗不确定数据，这一直是大数据分析领域的热门研究方向。首先介绍对抗式的众包规则挖掘(crowdsourcing rule mining，CRM)框架。如图 4.2 所示，CRM 将分为两个阶段来挖掘规则，在第一个阶段工人需要回答图 4.2 中的规则判定问题，在第二个阶段工人需要回答图 4.2 展示的事实判定问题。下面将阐述上述两个阶段分别设置这两个问题的合理性。

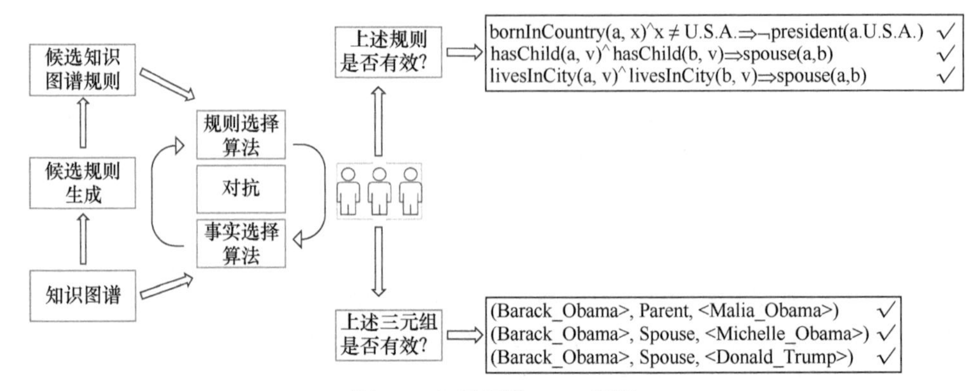

图 4.2　知识图谱 CRM 框架

一个简单的通过众包挖掘规则的想法是：通过一定的算法抛出我们认为需要让工人判断的规则，然后让工人为规则打分或是判断规则的正误。但是，这两种方案实际上都是没有可行性的。虽然根据一定的标准，机器挖掘的各条候选规则在质量上存在着高低的相对差异，例如可以认为覆盖面更广或预测准确率更高的规则质量更高。但是，从众包质量控制的角度考虑，如果试图让工人对规则进行包含有多个等级的量化打分，不仅工人回答问题的难度大大提升，而且难以向不同工人之间灌输清晰且一致的打分标准，因此总体上来说可操作性很低。而如果让工人对规则做出“正误”的二分判定，例如向工人提出“你认为下面这条规则正确吗”或“你认为下面这条规则错误吗”这样的问题，这些问题也同样是令人迷惑并且缺乏意义的,因为客观上很少有根据能让人们对某条规则判定其绝对“正确”或完全“错误”，通常的情形是对倾向于正确或错误的规则也都能举出极端情况下的反例，比如有规则：

$$r = \text{parent}(\text{subject}, v_0) \wedge \text{parent}(\text{object}, v_0) \Rightarrow \text{spouse}(\text{subject}, \text{object})$$

暗示了同一个人的父母应该是配偶，但是这样的规则并不能说是一定成立的，如考虑离婚的情况。

4.6　本 章 小 结

本章从人类控制、基于规则/技巧的协同、人在回路与人类知识四个方面介绍了混合人机协同机制与核心技术。最后以医学图像分割、知识图谱微调两大场景为例具体介绍混合人机协同的场景。

第 5 章　多人多机协同

5.1　多智能体系统与多智能体决策

5.1.1　多智能体技术

随着人工智能的研究热度呈爆炸式上升，“智能”的概念被不断丰富，而智能体的概念就脱胎于分布式人工智能。一般情况下，智能体(agent)可以定义为用来完成某类任务，能作用于自身和环境，并且有生命周期的一个物理的抑或是抽象的计算实体。一个智能体可以是一个能独立完成一项具体任务的硬件设备(如只报告高血压的血压检测器)，或软件机器人(如网上收集一个产品品牌信息的计算机程序)，或者一位温度计读表人员。

生活中许多系统常常具有分布式结构，如社会中的各级管理部门、工业中分布广泛的生产现场乃至计算机网络中大大小小的服务器和工作站。每个子系统都具有一定智能，能够独立完成一些工作，但需要合作才能完成整个系统的工作。这就为智能体以及多智能体理论的应用提供了广泛的背景。

通常，单个智能体求解问题的能力是十分有限的，单个智能体仅能对个人行为进行模拟，而多智能体系统则可以模拟人类社会，因此将多个自治的智能体组合起来协作求解某些问题的能力通常很强大。多智能体系统就是指可以相互协作的多个简单智能体为完成某些全局或者局部目标使用相关技术组成的分布式智能系统。

多智能体系统由智能体及其环境组成。其中，智能体与环境可以分为多种不同复杂程度的类型。智能体包括被动智能体或“无目标智能体”，如任何简单模拟中的障碍物、苹果或密钥；具有简单目标的智能体，如捕食者模型中的狼，其目标为捕食羊；认知智能体，指需要复杂计算的一类智能体。智能体环境则可以按构成分为虚拟环境、离散环境和连续环境。另外，智能体环境可以具有多样的属性，如可访问性(是否可以收集有关环境的完整信息)、确定性(动作是否会产生明确的效果)、动态性(当前有多少实体会影响环境)、离散性(环境中的可能行动的数量是否有限)、情节性(某些时段的行动者行为是否影响其他时段)和维度(空间特征是否是环境的重要因素，以及智能体在决策时是否考虑空间)等。

在多智能体系统中，每个智能体具有独立性和自主性，能够解决给定的子问题，自主地推理和规划并选择适当的策略，以特定的方式影响环境。多智能体系统支持分布式应用，所以具有良好的模块性、易于扩展性，且设计灵活简单，克服了建设一个庞大系统所造成的管理和扩展的困难，能有效减少系统的总成本。在多智能体系统的实现过程中，不追求单个庞大复杂的体系，而是按面向对象的方法构造多层次、多元化的智能体，其结果是降低了系统的复杂性，以及各个智能体问题求解的复杂性。多智能体系统是一个讲究协调的系统，各智能体通过互相协调去解决大规模的复杂问题。多智能体系统也是一个集成系统，它采用信息集成技术，将各子系统的信息集成在一起，完成复杂系统的集成。在多智能体系统中，各智能体之间互相通信，彼此协调，并行地求解问题，因此能有效地提高问题求解的能力。多智能体技术打破了人工智能领域仅仅使用一个专家系统的限制，在多智能体系统环境下，各领域的不同专家可能协作求解某一个专家无法解决或无法很好解决的问题，提高了系统解决问题的能力。智能体是异质的和分布的：它们可以是不同的个人或组织采用不同的设计方法和计算机语言开发而成，因而可能是完全异质的和分布的。处理是异步的：由于各智能体是自治的，每个智能体都有自己的进程，按照自己的运行方式异步地进行。当多个智能体都可以完成一项具体的任务时，多智能体系统需要根据系统的总体优化目标(如成本、效率、用户满意度等)来调度和分配各智能体的具体任务和协调。

多智能体系统是人工智能技术一次质的飞跃。通过智能体之间的通信，各智能体可以处理不完全、不确定的知识。同时，通过智能体之间的协作，可以实现信息共享，不仅改善每个肢体的基本能力，也可以从智能体的交互来进一步理解社会行为。另外，多智能体系统可以逐步完善、分步实施，有效地降低系统组织的难度，使系统更易于实现。

多智能体系统具有广泛的应用场景。例如，多机器人控制、多个玩家参与的游戏，以及对社会困境的分析都会涉及多智能体领域。相关问题也可以以不同的级别和水平来等同于多智能体问题，如分层强化学习的变体可以被看成多智能体系统。此外，多智能体自我模拟最近也被证明是一个有用的训练范式。

在一般的深度学习任务中，多智能体通常是面向某一个具体任务，如下围棋、识别猫、人脸识别、语音识别等。通常而言，在很多任务上它能够取得非常优秀的结果，同时也有非常多的局限。

(1) 缺乏可解释性：神经网络端到端学习的“黑箱”特性使得很多模型不具有可解释性，导致很多情形需要人去参与决策，在这些应用场景中机器结果无法完全置信而需要谨慎地使用，如医学的疾病诊断、金融的智能投顾等。这些场景属于低容错高风险场景，必须需要显式的证据去支持模型结果，从而辅助人去做决策。

(2) 常识缺失：人的日常活动需要大量的常识背景知识支持，数据驱动的机器学习和深度学习，它们学习到的是样本空间的特征、表征，而大量的背景常识是隐式且模糊的，很难在样本数据中体现。比如下雨天要打伞，但打伞不一定都是下雨天。这些特征数据背后的关联逻辑隐藏在我们的文化背景中。

(3) 缺乏语义理解：模型并不理解数据中的语义知识，缺乏推理和抽象能力，对于未见数据模型泛化能力差。

(4) 依赖大量样本数据：机器学习和深度学习需要大量标注样本数据去训练模型，而数据标注的成本很高，很多场景缺乏标注数据来进行冷启动。

从人工智能整体发展来说，上述局限性也是机器从感知智能向认知智能的迁跃过程中必须解决的问题。认知智能需要机器具备推理和抽象能力，需要模型能够利用先验知识，总结出人可理解、模型可复用的知识。机器计算能力整体上需要从数据计算转向知识计算，知识图谱就显得必不可少。知识图谱可以组织现实世界中的知识，描述客观概念、实体、关系。这种基于符号语义的计算模型，一方面可以促成人和机器的有效沟通，另一方面可以为深度学习模型提供先验知识，将机器学习结果转化为可复用的符号知识累积起来。

近年来，不管是学术界还是工业界都纷纷构建自己的知识图谱，有面向全领域的知识图谱，也有面向垂直领域的知识图谱。其实早在文艺复兴时期，培根就提出了“知识就是力量”，在当今人工智能时代，各大科技公司更是纷纷提出：知识图谱就是人工智能的基础。

图 5.1 展示了知识图谱的技术链。知识图谱的源数据来自多个维度。通常来说，结构化数据处理简单、准确率高，其自有的数据结构设计对数据模型的构建也有一定指导意义，是初期构建图谱的首要选择。世界知名的高质量的大规模开放知识库，如维基数据、DBpedia、YAGO 是构建通用领域多语言知识图谱的首选，国内的 OpenKG 提供了诸多中文知识库进程的内存镜像文件(Dump 文件)或接口。工业界往往基于自有的海量结构化数据进行图谱的设计与构建，并同时利用实体识别、关系抽取等方式处理非结构化数据，增加更丰富的信息。

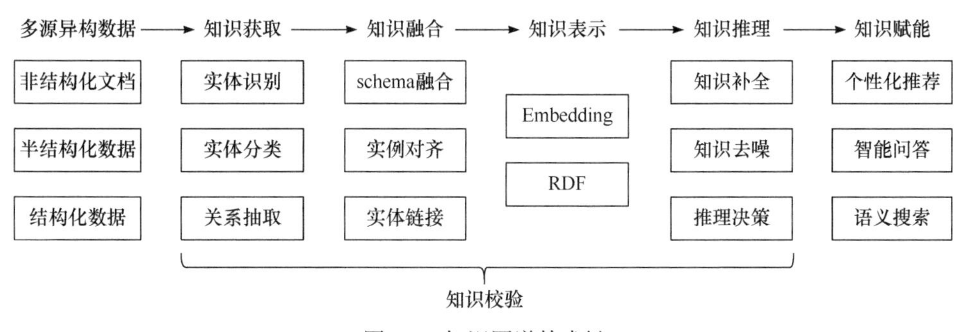

图 5.1　知识图谱技术链

在我国，内陆城市人口红利在移动互联网经济的强大集聚效应下，被刺激出全新的动能和勃勃生机，与此同时，城市供给与城市需求处在不匹配的状态，交通拥挤、住房紧张、供水不足、能源紧缺、环境污染、秩序混乱、供需矛盾加剧等城市病极为突出。此外，人工智能、云计算、数据挖掘、知识管理、深度学习等技术迅速进入爬坡期，互联网科技公司、运营商、硬件厂商参与城市建设有了便捷的通道，但由于智慧城市是一个跨系统交互的大系统，是“系统的系统”，不是硬件的堆叠与软件的重复建设，而是需要有一个中枢神经式的城市指挥系统，这个系统必须具备全面、实时、全量的决策能力——这成为“ET 城市大脑”诞生的基础。

从专业的交通大脑走向复杂的城市大脑，从长三角的杭州走向全国多个城市，“ET 城市大脑”系统被嵌入了越来越多人工智能的技术内核，开始了突飞猛进的进击。城市大脑是技术进步的产物，也是城市发展的产物。综合来说，云数物智(云计算、大数据、物联网、人工智能)技术积累、国家政策支持、本地政府配合、后期庞大城市订单等因素促成了天时地利人和的形成。

5.1.2 协同多智能体系统

多智能体系统是一个群体系统。在这个系统中，知识是难以完备获取的，并且环境具有动态复杂性，因此产生系统冲突是必然的。而系统冲突则会严重影响多智能体系统中各个智能体的独立决策能力和系统的总体性能。因此，必须需要一定的协调方法来调节智能体之间存在的冲突，保证智能体所构成的群体行为具有一致性。另外，协调可以整合不同智能体不同的能力、知识、信息、服务等，可以使得每个智能体不仅具备局部信息和目标，也可以对系统的全局信息进行把控，从而实现系统的共同目标。

多智能体系统的体系结构与控制方式十分重要，对系统性能有着极大的影响。因此，如何组织由多个智能体构成的群体、如何实现多智能体的协调合作问题是十分重要的。

多智能体系统的体系结构是指系统中智能体之间的信息关系、控制关系、问题求解能力的分布模式。它是结构和控制的有机结合，通过对角色、行为预期和控制关系的定义提供智能体活动和交互的框架。体系结构研究对整个协调控制的研究具有重要意义。

根据实际系统的不同拓扑结构，协同多智能体系统可以按工作类型进行如下划分。

(1) 集散型：各个智能体呈分散性分布，每个智能体均能自主完成一定的任务，也可以合作完成任务。在需要合作的场景下，通过网络集中到协作智能体下进行决策，制订再分配的任务计划。这是一种中心化的协作方式。

(2) 环形型：各个智能体呈环状分布。在需要合作的场景下，提出请求递交到环上的控制智能体，并由控制智能体分配权限，激活或屏蔽请求。这是一种中心化的协作方式。

(3) 网状型：各个智能体两两之间均可以直接进行合作，是一种去中心化的协作方式。

20 世纪 90 年代以来，基于不同多智能体系统体系结构的协作机制研究发展到至今已经形成了诸多方法与流派，可以分成三大类，分别是基于符号推理的多智能体协作体系、基于行为主义的多智能体协作体系、基于协同进化机制的多智能体协作体系。下面分别进行介绍。

1. 基于符号推理的多智能体协作体系

基于符号推理的多智能体协作体系基于人工智能中符号推理的原理，建立符号表达系统，让智能体能够进行知识推理，从而实现自主思考、联盟管理以及与环境、其他智能体进行互动和协调。这一体系有三种十分具有代表性的理论，分别为联合意图理论、共享计划理论、计划行为理论等。

其中，有学者结合联合意图理论与共享计划理论提出了一种多智能体通用协作模型，该模型对各个智能体按在系统中的角色进行组织，引入集体行为操作算子，并根据任务划分子团体，每个智能体均保留团体或所属子团体精神状态的拷贝。在该模型下，对于共同任务，采用集体行为操作算子对集体精神状态进行操作；对于个体任务，采用个体行为操作算子对个体精神状态进行操作。另外，该模型还引入了推测等手段来促进协调行动。

目前，基于符号推理系统的多智能体协作体系的三种理论体系已经形成比较完整的方法，并进行了一系列典型应用。然而，这样的系统也存在一些缺陷。首先，该系统对智能体的环境建模表示能力要求较高，这就带来了智能体在保持自身模型计算、推理与环境同步上的困难。复杂的环境模型计算和推理使智能体的适应能力不甚理想。其次，对每一智能体构造复杂的符号表示模型也是一项十分困难、低效的任务。

2. 基于行为主义的多智能体协作体系

基于行为主义的多智能体协作体系有三个基本原则，分别是最小性、无状态性和鲁棒性。最小性是指系统需要尽量简单，这是为了智能体可以与环境快速反馈；无状态性指系统不含环境模型的状态；鲁棒性指系统可以适应实际环境中的不确定性。

在这一体系下，行为选择机制是核心的研究问题，目前已提出元胞自动机、神经网络学习、行为网方法等理论，并应用于不同的领域。其中行为网方法经过发展，曾在机器人世界杯(Robot World Cup)足球赛仿真比赛中取得第二名。

基于行为主义的多智能体协作体系在设计以及实现上要较基于符号推理的多智能体协作体系更加简单快捷。但是这一智能体系能够产生的行为比较简单，目前尚缺乏足够的一致理论指导,导致这一体系下的系统在方法和风格上差别巨大，在面对高级、复杂的任务时显得行为能力不足。

3. 基于协同进化机制的多智能体协作体系

可以发现，基于行为主义的多智能体协作体系与基于符号推理的多智能体协作体系二者是互补的，因此出现了很多将二者结合的混合系统。通常使用基于行为主义的多智能体协作体系解决底层问题，做成快速反应式系统，处理简单的、能与环境快速交互的任务，而在上层则采用基于符号推理的多智能体协作体系，对复杂行为进行推理并进行联盟管理。但是二者的结合方案仍旧缺乏理论支持，效果也不一。于是，基于协同进化机制的多智能体协作体系就自然诞生了。

进化计算的思想来自自然界中“物竞天择，适者生存”的机制，是一种有着四十多年历史的随机计算方法。其中最广为流传的是遗传算法，已被广泛应用于函数优化、机器学习、复杂结构进化等问题，但在面对高复杂度问题时也同样难以适用。在此基础上，目前已发展出多种不同的协同进化方法，如基于“捕食者-猎物”思想的竞争型协同进化方法，基于共生现象的合作性协同进化方法，以及基于自然界中个体生存期适应度评价方法的协同进化遗传算法等。

在多智能体协作体系中，当智能体之间存在资源争夺、捕食等竞争关系时，可以采用竞争型协同进化方法，使得智能体之间可以通过竞争获得性能提升；当智能体之间需要合作完成共同任务时，可以采用合作型协同进化方法，这类方法注重与群体之间的合作关系，通过加强群体间有利于合作的智能体的适应度，减弱不利于合作的智能体的适应度，从而促使群体向着有利于产生相互合作和共同适应行为的方向进化。

在一个基于协同进化机制的多智能体系统中，智能体的思维程序可以驱动智能体之间、智能体与被动对象之间的交互，并且智能体可以利用自身的感知作为输入，结合思维程序得到抽象意图并转换成工作。在这样的体系里，体现出了智能体的自主性、环境交互性和社会性。区别于一般的多智能体系统，在协同进化体系下智能体的思维程序中包括了模拟自然选择的进化算法，这样的进化算法包括了个体的出生、死亡、选择、交叉、变异等算子。智能体具有表现型和基因型，由基因型决定表现型的特性，由表现型为智能体的思维程序提供群体管理信息，而这些信息又能够辅助程序为智能体的行为决策提供帮助。

值得注意的是，在协同进化体系下每个智能体的思维程序中都有一个进化群体，并且这些进化群体不是独立进化的，而是根据协同进化机制共同进化。进化群体的表现型个体为智能体的思维程序提供群体管理信息，因此通过协同进化机制就可以让智能体随着进化体现出合作、竞争等特性，即我们的协作目标。

5.2　人类行为建模

物理学家默里·盖尔曼(Murray Gell-Mann)曾经发出过一句流传甚广的感叹："想象一下，如果电子能够思考，那么物理学会有多难呀！"物理学家们考察的微粒不能感知世界，也不会思考，更没有人类那样的新年，因此为它们建模是简单直接的。然而人有思想，不仅有目标，有动机，还有信念，而且每个人的想法往往是不同的，因此对人类行为建模是一件困难的事情。

5.2.1　马尔可夫决策过程

马尔可夫决策过程的理论基础是马尔可夫链，因此也被视为考虑了动作的马尔可夫模型。在离散时间上建立的马尔可夫决策过程被称为"离散时间马尔可夫决策过程"，反之则被称为"连续时间马尔可夫决策过程"。此外马尔可夫决策过程存在一些变体，包括部分可观察马尔可夫决策过程、约束马尔可夫决策过程和模糊马尔可夫决策过程。

显然，要了解什么是马尔可夫决策过程，首先要建立马尔可夫性质的概念，了解马尔可夫链的建立过程。

马尔可夫性质(Markov property)是概率论中的一个概念，因俄国数学家安德烈·马尔可夫得名。其含义是，当一个随机过程在给定当前状态及过去所有状态的情况下，其未来状态的条件概率分布仅依赖于当前状态；换句话说，在给定当前状态时，它与过去状态(即该过程的历史路径)是条件独立的，那么此随机过程即具有马尔可夫性质。马尔可夫假设(Markov assumption)则是用来假设描述一个模型具有马尔可夫性质，如隐马尔可夫模型。

在此基础上可以定义马尔可夫链。马尔可夫链(Markov chain)又称离散时间马尔可夫链(discrete-time Markov chain，DTMC)，为状态空间中从一个状态到另一个状态转换的随机过程。该过程要求具备"无记忆"的性质：下一状态的概率分布只能由当前状态决定，在时间序列中它前面的事件均与之无关。这种特定类型的"无记忆性"称作马尔可夫性质。马尔可夫链作为实际过程的统计模型具有许多应用。

在马尔可夫链的每一步，系统根据概率分布，可以从一个状态变到另一个状态，也可以保持当前状态。状态的改变称为转移，与不同的状态改变相关的概率称为转移概率。随机漫步就是马尔可夫链的例子。随机漫步中每一步的状态是在图形中的点，每一步可以移动到任何一个相邻的点，在这里移动到每一个点的概率都是相同的(无论之前的漫步路径如何)。

形式化地来说，马尔可夫链是满足马尔可夫性质的随机变量序列 $x_1, x_2, x_3, \cdots$，即给出当前状态，未来状态和过去状态是相互独立的。从形式上看，如果两边的条件分布有定义(即如果 $P_r(X_1 = x_1, \cdots, X_n = x_n) > 0$)，则 $P_r(X_{n+1} = x | X_1 = x_1, X_2 = x_2, \cdots, X_n = x_n) = P_r(X_{n+1} = x | X_n = x_n)$。$X_i$ 的可能值构成的可数集 S 称为该链的“状态空间”。

通常用一系列有向图来描述马尔可夫链，其中 n 的边用从时刻 n 的状态到时刻 $n+1$ 的状态的概率 $P_r(X_{n+1} = x | X_n = x_n)$ 来标记，也可以用从时刻 n 到时刻 $n+1$ 的转移矩阵表示同样的信息。但是，马尔可夫链常常被假定为是时齐的(见下文的变种)，在这种情况下，图和矩阵与 n 无关，因此也不表现为序列。

这些描述强调了马尔可夫链与初始分布 $P_r(X_1 = x_1)$ 无关这一结构。当时齐时，可以认为马尔可夫链是分配从一个顶点或状态跳变到相邻一个概率的状态机。可以把机器状态的概率 $P_r(X_{n+1} = x | X_1 = x_1)$ 作为仅有元素 x_1 状态空间的输入进行机器统计行为分析，或以初始分布为 $P_r(X_1 = y) = [x_1 = y]$ 的状态为输入进行机器统计行为分析，其中[ ]是艾弗森括号。

一些状态序列可能会有零概率的事件，对应多连通的图，而我们禁止转移概率为 0 的边。例如，若 a 到 b 的概率非零，但 a 到 x 位于图的不同连通分量，那么 $P_r(X_{n+1} = b | X_n = a)$ 有意义，而 $P_r(X_{n+1} = b | X_1 = x_1, \cdots, X_n = a)$ 无意义。

对于有些决策问题，决策者仅进行一次决策即可，这类决策称单阶段决策。在社会主义市场经济条件下，企业的经营活动为适应市场激烈竞争的需要，不仅需要进行单阶段决策，还需要进行多阶段决策，即序贯决策。

序贯决策是指按时间顺序排列起来，以得到按顺序的各种决策，也就是在时间上有先后之别的多阶段决策方法，也称动态决策法。多阶段决策的每一个阶段都需做出决策，从而使整个过程达到最优。多阶段的选取不是任意决定的，它依赖当前面临的状态，不对以后的发展产生影响，以免影响整个过程的活动。当各个阶段的决策确定后，就组成了问题的决策序列或策略，称为决策集合。

马尔可夫决策过程是序贯决策的数学模型，用于在系统状态具有马尔可夫性质的环境中模拟策略并获得回报，是一种具有百年历史的人类行为建模方法。

马尔可夫决策模型既可以对离散时间的序贯决策问题进行建模，也可以对连续时间的序贯决策问题进行建模。马尔可夫预测过程基于一组交互对象，即智能体和环境进行构建，所具有的要素包括状态、动作、策略和回报。在马尔可夫决策过程的模拟中，智能体会感知当前的系统状态，按策略对环境实施动作，从而改变环境的状态并得到奖励，奖励随时间的积累称为回报。

在马尔可夫决策模型中，要求环境满足马尔可夫性质。马尔可夫性质是所有马尔可夫模型共有的性质，但相比于马尔可夫链，马尔可夫决策过程的转移概率加入了智能体的动作，其马尔可夫性质也与动作有关，即

$$P(s_{i+1}|s_i,a_i,\cdots,s_0,a_0)=P(s_{i+1}\mid s_i,a_i)$$

在此基础上，可以定义马尔可夫决策过程的轨迹：

$$A_r=\left\{s_0,a_0,s_1,a_1,\cdots,s_{\tau-1},a_{\tau-1},r_{\tau-1},s_\tau,a_\tau\right\}$$

轨迹中，由初始状态 s_0 出发，按给定策略 $\pi(a\mid s)$ 执行动作，达到当前状态 s_t 的所有动作、状态和回报的集合。马尔可夫决策过程的策略和状态转移具有随机性，因此马尔可夫决策过程中两个状态间的轨迹可以有多条。

马尔可夫决策过程的时间步可以是有限或无限的。时间步有限的马尔可夫决策过程存在一个终止状态(terminal state)，该状态被智能体触发后马尔可夫决策过程的模拟完成了一个片段(episode)并得到回报。与之对应的，环境中没有终止状态的马尔可夫决策过程可拥有无限的时间步，其回报也会趋于无穷。然而在对实际问题建模时，除非无限时间步的马尔可夫决策过程有收敛行为，否则考虑无限远处的回报是不适合的，也不利于马尔可夫决策过程的求解。为此，可引入折现机制并得到折扣回报(discounted return)：

$$G=R_1+\gamma R_2+\gamma^2 R_3+\cdots=\sum_{k=0}^{\infty}\gamma^k R_{k+1}$$

马尔可夫决策过程的每组轨迹都对应一个回报。由于马尔可夫决策过程的策略和状态转移都是条件概率，在考虑模型的随机性后，轨迹的折现回报可以由其数学期望表示，该数学期望被称为目标函数：$\mathcal{J}=\mathbb{E}_{\pi(\theta)}[G(A_\tau)]$。

马尔可夫决策过程的轨迹依赖于给定的策略，因此目标函数也是控制策略 $\pi(\theta)=\pi(a\mid s)$ 的参数的函数：$\mathcal{J}(\theta)$。此外对状态收敛的无限时间步马尔可夫决策过程，其目标函数也可以是其进入平稳分布时单个时间步的奖励的数学期望。

在 20 世纪末，隐马尔可夫模型在语言识别、自然语言处理、模式识别等领域被广泛使用。在隐马尔可夫模型中存在两类数据，一类数据是可以观测到的，即观测序列；而另一类数据是不能观测到的，即隐藏状态序列，简称状态序列。举例来说，在人们交谈的过程中，观测序列为声音，而状态序列为说话者要表达的意思，即语言语义。

隐马尔可夫模型一共有如下三个经典的问题需要解决。

(1) 评估观察序列概率。给定模型 $\lambda=(A,B,\Pi)$ 和观察序列 $O=\{o_1,o_2,\cdots,o_r\}$，计算在模型 λ 下观测序列 O 出现的概率 $P(O\mid\lambda)$。这个问题的求解需要用到前向后向算法，是隐马尔可夫模型三个问题中最简单的。

(2) 模型参数学习问题。给定观测序列 $O=\{o_1,o_2,\cdots,o_r\}$，估计模型 $\lambda=(A,B,\Pi)$ 的参数，使该模型下观测序列的条件概率 $P(O|\lambda)$ 最大。这个问题的求解需要用到基于最大期望算法的鲍姆-韦尔奇(Baum-Welch)算法，是隐马尔可夫模型三个问题中最复杂的。

(3) 预测问题，也称为解码问题。给定模型 $\lambda=(A,B,\Pi)$ 和观测序列 $O=\{o_1,o_2,\cdots,o_r\}$，求给定观测序列条件下，最可能出现的对应的状态序列。这个问题的求解需要用到基于动态规划的维特比算法，是隐马尔可夫模型三个问题中复杂度居中的。

隐马尔可夫模型在语音识别、手写识别、手势识别、美国手语识别等方面都达到了较高的准确率。然而，隐马尔可夫模型无法建立一个准确的观察模型来进行模拟或者预测。有研究认为，这是因为在这些情况下，人类行为会显示出其他属性，如平滑性和连续性，这些属性都不会被捕捉到统计框架之中。而这些缺失的额外约束通常来自人类运动的物理特性，因此最好由卡尔曼滤波等动态模型来描述。有学者尝试通过一组动态模型来描述人类行为的小尺度结构(包含了平滑性和连续性等约束)，并将这些控制状态耦合成一个马尔可夫链来描述大尺度结构。这样的算法框架首先运用于机器人控制与机器视觉中，动态模型或控制理论与随机跃迁相结合，并在跟踪人类运动和识别、抓握、奔跑等原子动作控制方面显示出了实用价值。

进一步地，引入动态模型后，也可以对更广泛、更复杂的行为进行记录和分类。比如在开车时启动一辆车，这是由几个原子动作按特定的顺序连接在一起组成的，也即从最初的准备动作开始预测人类行为的顺序。这一类方法称为马尔可夫动态模型。

5.2.2 模仿学习

在实际的决策任务中，直接从环境中获取可以用来判断决策好坏的回报信息往往是十分困难的。模仿学习(imitation learning)正是为了解决这一类问题而被提出的。模仿学习是从示教者提供的决策信息——往往是先验的专家信息中学习如何决策，因此，也被称为“示范学习”或者“学徒学习”。

当前实现模仿学习的方法主要有两种：

(1) 行为克隆(behavior cloning)是一种类似于监督学习的方法。在这种方法中，首先专家的决策信息 $\{\tau_0,\tau_1,\tau_2,\cdots,\tau_m\}$ ——其中每个决策包含着状态与动作的序列，$\tau_i=\langle s_1^i,a_1^i,s_2^i,a_2^i,\cdots,s_n\rangle$ 会被重构为一个新的包含了所有被抽取出的(状态，动作)对的新集合 $D=\{(s_1,a_1),(s_2,a_2),\cdots,(s_n,a_n)\}$。然后采用行为克隆的方法将状态作为特征，将动作作为标记，进行分类学习(针对离散动作)或者回归学习(针对连续动作)，以此得到与专家决策相匹配的决策模型。但这一方法存在很大的局限性：①在专家数据不全面的情况下，无法针对专家决策中没有出现过的状态做出有效的决策；②模型会不加区分地同时学习专家决策数据中的有效信息和无效信息，这会对最终得到的决策模型产生不利的影响；③监督学习针对的数据往往是独立同分布的无序信息，而决策数据存在时序性，因此训练效果可能会不佳。

(2) 逆强化学习(inverse reinforcement learning)则是从专家的决策信息，通过逆强化学习算法来学习一个奖励函数，接着用这个奖励函数作为强化学习的输入，训练一个有效的策略模型。在具体的实现上，逆强化学习采用了一种生成对抗式的思想，通过策略模型与专家信息的对抗过程，获得一个最优的策略模型。相比于直接对专家信息进行行为克隆，学习奖励函数的逆强化学习有以下几个优点：①奖励函数可以用更为简洁的方式描述任务；②奖励函数的泛化能力更好；③奖励函数具有可移植性。

可以举一个自动驾驶的例子来形象描绘一下这两种模仿学习的方法。对于行为克隆方法，相当于将经验丰富的驾驶员的驾驶经验告诉了决策模型，然后要求它不折不扣地学习驾驶员的每一种决策行为而不需要思考驾驶员的决策逻辑。虽然模型在遇到完全一样的场景时，可以做出比较好的决策，但到了另外一种相似但不完全一样的场景中，模型会无所适从。而对于逆强化学习方法，相当于告诉决策模型，从一些经验丰富的驾驶员的驾驶行为数据来看，采取某些策略是比较好的，而另一些策略是不好的，然后模型通过这些建议——奖励函数，来自主学习，最终学习得到最优策略。在这样的过程中，模型得到了做出这种决策的内在逻辑——奖励最大，因此，在一些相似的新任务中，它会表现出比较好的泛化性能。

5.3　高效通信与交互

通过语言进行交流是人类智能的标志之一，它允许我们高效地共享信息以及更好地完成协作。如果能够开发出一个可以进行通信的智能体，那么智能体之间以及智能体与人类之间就能够更好地进行信息共享以及更好地完成协作性质的任务。为了去训练得到可以通信的智能体，近年来很多工作被提出。从通信学习的目的出发，可以将这些工作分为两类：①目标驱动的通信学习，尝试通过智能体间的通信来提升智能体完成任务/目标的能力；②类自然语言的通信学习，尝试提升生成的语言或通信的质量以及让它逼近于人类语言。

5.3.1　目标驱动的通信学习

目标驱动的通信学习考虑的是学习一个合适的通信从而促进智能体的协作或

竞争能力，这包括学习通信对象、学习通信内容以及学习时间等方面。由于多智能体强化学习与深度学习的流行，目标驱动的通信学习受到了广泛的关注。

在多智能体环境中，通信的一个重要动机来源于部分可观测的环境。以开关谜语为例：一百名囚犯到达了一座新监狱。监狱长告诉他们，每天将随机选择其中一名囚犯关在仅装有灯泡的房间内。每个被选择的囚犯可以观察灯泡的状态(打开或关闭)，并选择是否更改其状态，此时观察灯泡的状态只是每个囚犯自己的部分观测。被选择的囚犯还可以选择确认给出相信所有囚犯都已经参观过房间的结论，如果确认正确，那么所有囚犯都将被释放；相反，所有囚犯都将被处决。囚犯们可以实现就一项策略达成协议，且一旦挑战开始，他们将无法彼此交流，也不会知道谁被挑选去有灯泡的房间，所以囚犯们需要根据自己对灯泡的部分观测来协作完成决策。在这种情况下，囚犯们只知道他们是否是房间里的那个人以及开关的状态。因此，所有囚犯(智能体)有通过灯泡进行交流的动机。

Foerster 等[116]最早提出了差异化智能体间学习(differentiable inter-agent learning)来解决上述问题。其核心思想在于通过环境奖励反馈来学习一个额外的通信动作。具体而言：在每个时间步，除了环境行为外，每个智能体还采取一个通信行为。该消息在集中式学习期间不受限制，但在分散执行期间仅限于带宽有限的通道。在这里，Q 网络不仅输出 Q 函数，还输出实值(因此可微分)消息，该消息在时间步 $t+1$ 被馈送到其他智能体的 Q 网络(仍共享该消息)。然后，两个单独的梯度通过 Q 网络反向传播：①与奖励相关联的一个梯度，来自环境；②来自错误的错误消息，该错误消息由接收者在下一轮反向传播。

我们将这种要求通信的每个智能体之间都需要互相通信的方法归纳为全连接通信结构方法。考虑智能体处于一个共享的通信介质中，由于通信资源受限，只有固定数量的智能体可以参与通信，选择哪些智能体去参与通信成为一个关键的问题。Kimm 等[117]采用了差异化智能体间学习类似的全连接通信结构，但是额外添加了一个基于权重的选择模块来指导通信智能体的选择。具体来说，智能体除了通信内容以及动作的学习以外，还需要根据奖励的反馈学习一个通信权重，根据得到的通信权重，采用选择最高权重的 k 个智能体的方法来做通信的选择。这种方法之所以成功，是因为通信的权重会影响通信智能体的选择，从而进一步影响通信的内容与最后的协作性能，这三者是强相关的，所以将通信权重学习当成一个额外的决策任务是合适的。

差异化智能体间学习中的另一个问题在于智能体不加选择地将消息传递给所有人，这在智能体过多时是十分低效的，同时也会妨害到有效信息的抽取，因而 Das 等[118]提出了目标多智能体通信学习，其主要思想在于将消息分解成询问和值两个部分，智能体可以根据签名和自己的询问之间的相似性来判断对一条消息给予怎样的注意力。具体来说，一条消息 $m_i^t = \left[k_i^t, v_i^t\right]$，其中 k_i^t 表示签名，v_i^t 表示值；智能体 i 根据自己的局部观测预测自己的询问为 q_i^{t+1}，则对于来自智能体 j 消息的通信权重可以计算为

$$\alpha_j = \operatorname{softmax}\left[\frac{\left(q_j^{t+1}\right)^{\mathrm{T}} k_1^t}{\sqrt{d_k}}, \cdots, \underbrace{\frac{\left(q_j^{t+1}\right)^{\mathrm{T}} k_i^t}{\sqrt{d_k}}}_{\alpha_{ji}}, \cdots, \frac{\left(q_j^{t+1}\right)^{\mathrm{T}} k_N^t}{\sqrt{d_k}}\right]$$

因此最后聚合后的消息变成了 $c_j^{t+1} = \sum_{i=1}^{N} \alpha_{ji} v_i^t$。如此便实现了对不同消息施加不同注意力。

但是全连接通信依然存在着大量的消息冗余，因而出现了星型通信方法。其主要思想在于假设整个通信过程中存在一个(虚拟)中心实体来处理收到的所有消息。最早应当是 Sukhbaatar 等[119]提出的 CommNet：每个智能体将消息发送给(虚拟)中心智能体，并由聚合收到的消息再反馈给每一个智能体，这样的一个机制同时也允许了多轮通信。具体来说，考虑总共有 M 个智能体的第 i 轮通信，每个智能体以 $\left(c_m^i, h_m^i\right)$ 为输入，其中的 h_m^i 为智能体第 $i-1$ 轮通信的隐藏状态而 $k_m^i = \operatorname{avg}(h_{m'}^i)$ (即中心智能体聚合完毕后的消息)。因此，在第 i 轮通信后，智能体的隐藏状态为 $h_m^{i+1} = \sigma\left(c_m^i c h_m^i\right)$，最后每个智能体根据这样的隐藏状态来做出对应的动作选择。

由于 CommNet 假设智能体都会将自己的隐藏状态发送给(虚拟)中心智能体，这对于竞争环境或者竞争协作环境显然是不合适的，因此 Singh 等[120]提出了一种新的星型通信方法：IC3Net。其核心思想在于让智能体去学习什么时候进行通信。具体而言，每个智能体根据自己的隐藏状态额外去学习一个通信门网络，这个门网络的输出是 0 或 1，最后将这个输出与隐藏状态点乘传递给中心智能体。因而这个门网络也可以和决策网络一起通过端到端学习得到。通过这样的做法，星型通信方法可以适用于竞争协作混合环境中。

星型通信网络虽然在通信的整体带宽需求上要好于全连接通信方法，但是当智能体数量增多时，将所有智能体的消息都交由一个中心智能体去处理显然是不合适的。这主要是由于中心智能体需要足够大的通信半径，而且同时从大量冗余的消息中提取出有价值的信息也会进一步变得十分困难。因此，注意力通信学习[121]使用了一种树型通信方法来解决上述问题。其核心思想在于每个智能体在需要通信的时候和周围智能体之间形成通信组，之后每个通信组按顺序进行通信。具体来说，每个智能体根据参与通信与否带来的收益不同去监督式地学习一个判

别网络，用来决策自己是否要与周围智能体形成通信。选择通信的智能体会和周围智能体形成通信组。通过让不同的通信组顺序地执行通信，树状通信结构得以建立，同时由于有的智能体可能同时处在两个不同的组中，某种程度上也可以获得通信组之间的共享信息。在大规模环境中，这种方法能获得相较于全连接通信和星型通信更高的性能。

但是树型通信方法要求不同的组之间顺序地进行通信，这在现实场景中常常会因为时间复杂度过高而不适用。而近邻通信方法通过让每个智能体同时与周围智能体进行通信，以多轮通信的形式达成全局通信。注意力通信学习[122]就属于这种方法，其核心思想在于将整个通信过程建模成一个邻域相连的一个图，通过在这个图上进行多轮图卷积来形成全局通信。

虽然近邻通信解决了由树型通信带来的时间复杂度高的问题，但是通过多轮的图卷积一方面会形成大量的冗余消息，另一方面当智能体过多时，信息难以通过直接的多轮通信形成全局通信，因而提出了层次通信方法。其核心思想在于学习一个分层的通信结构，从而更好地在大规模环境中形成全局通信。通信结构学习网络[123]就属于层次通信的方法，它通过设计一个辅助任务来学习每个智能体的通信权重，再通过一个基于权重的层次路由协议来分布式地建立层次的通信结构，借由层次通信结构，智能体的通信行为被划分为组内通信与组间通信，从而在保证全局通信的同时，保持可以接受的带宽与时间复杂度。

总体来说，目标驱动的通信学习算法通过学习通信内容、通信结构(通信对象)、通信时间来最大化学习策略的性能。

5.3.2 类自然语言的通信学习

我们将在本节中描述的大多数强化学习设置都依赖于参考游戏。指称游戏是刘易斯信号[124]游戏的一种变体，经常被用于语言学和认知科学中。该游戏中，首先将目标对象呈现给第一智能体(说话者)，因此，允许说话者向第二智能体(侦听器)发送描述对象的消息。收听者尝试在可能的候选列表中猜测显示给说话者的目标。如果收听者选择了正确的候选人，则交流是成功的。

让我们更精确地描述一种特定的模型[125]。目标对象和候选对象是来自ImageNet的采样图像。它们代表猫、汽车等基本概念，分为20类(动物、车辆等)。在接收原始像素输入时，说话者智能体必须自行检测其可以发送给收听者的功能。一些论文尝试将非混合输入与基于属性的对象向量一起使用。从集合中随机绘制两个图像 i_R 和 i_L，而目标图像 t 是其中之一。发送方知道哪个是目标，并根据大小为 K 的词汇表 V 遵循策略 $s(\theta_s(i_L i_R t))$ 生成一条消息。侦听器尝试根据策略对消息进行解码并猜测目标图像 $r(i_L i_R s(\theta_s(i_L i_R t))) \in \{LR\}$。如果听众的猜测 r 等于 t，则他们都将获得正数奖励，否则，他们将获得0奖励。

下面，我们将分别详细从词汇表、Q 模型、变种、可解释性、融入自然语言五方面介绍。

(1) 词汇表。词汇表的大小对通信智能体的性能有很大的影响。Foerster 等[116]从发送简单的 1 位消息开始，其环境需要“少量”信息(如开关谜语或找到数字的奇偶性)，但是问题越复杂，需要的词汇量就越多。Lazaridou 等[125]尝试使用词汇量从 0 到 100 的单符号消息。后来，受自然语言启发，Lazaridou 等[126]建议使用基于 LSTM 的编码器-解码器体系结构来生成序列。重要的一点是这些符号没有先验意义。仅在学习期间，它们才会链接到视觉或物理属性。

产生序列的主要好处之一是允许说话者产生确保构图的语言。如果使用组合语言，即使在训练过程中未看到“红色”和“红框”字样，但说话者在给定训练集的前提下具有“红色”和“框”的后缀或前缀，他也可以描述一个红色框。

(2) Q 模型。每个智能体(说话者和收听者)都有一个输入网络，该网络接收输入(图像、消息、先前的动作……)，然后使用递归神经网络或简单的浅层前馈网络将其嵌入。Lazaridou 等[126]观察到在图像输入的情况下使用卷积神经网络会产生更好的特征，因此在猜测阶段会得到更好的结果。为了产生符号序列，Havrylov 等[127]为解码器选择了循环策略，目的是使循环神经网络能够保留过去状态的信息，并使用它们以在长序列生成中表现更好。Evtimova 等[128]在消息生成过程中增加了一种注意力机制，以提高与看不见的对象的通信成功率。为了更清楚地说明，卷积网络从图像 iL 和 iR 中输出隐藏状态，该状态输入到单层 LSTM 解码器(说话者的循环策略)。该层生成消息 $m = g(h_{LR}\theta_g)$ 。侦听器对消息应用单层 LSTM 编码(因为它还处理序列输入)，从而产生编码 $z = h(m\theta_h)$ 。结合对候选图像的编码，遵循候选 $u \in U$ 和编码向量 v 之间的相似性度量来预测目标 t 。使用智能体的选择作为唯一的学习信号，可以同时优化说话者与收听者智能体的所有权重。由于他们的任务不同，在经过培训的智能体之间不会共享任何权重。

(3) 变种。上面描述了一种流行的语言涌现模型，但是由于涌现的语言文献已经变得一致，这里将讨论一些有趣的变体。为了更接近人类的互动，在智能体之间实现了多步通信[129]。任务相似的两个智能体都生成各自的消息。猜测智能体通过询问“问题”开始与候选人进行交流，直到目标的应答智能体可以通过“是”或“不是”来回答这些问题，就像在“猜谁”游戏中一样。使用两轮问题回答可获得最佳结果，分析表明，提问者针对问题 1 和问题 2 中的不同功能获得了更多信息。也有学者测试了多步沟通的变化[130]，其通过交易双方具有不同效用的物品谈判实现了两个渠道，第一个渠道是用来传达信息的(就像前面看到的渠道一样)，第二个渠道是可以被其他智能体接受或拒绝的具体交易报价。当智能体合作时，即报酬是共同的，消息会向其他智能体指示哪些项目最有价值以及它们的价值。

结果表明，“语言”通道有助于达到纳什均衡并减少联合最优性的方差，从而使交易系统更加稳健。

(4) 可解释性。从粗略而嘈杂的消息开始，解释是一项艰巨的任务。在很多情况下，研究人员无法完全理解智能体传递的信息，而坚持提出关于含义的模糊假设。Choi 等[131]通过评估主体构成含义的能力来评估与人类语言的亲密程度。为此，他们使用零射评估。在他们的设置中，收听者必须猜测一组图像(包含 4 个候选图像)中的一个图像。给定其形状(圆柱，立方体……)和颜色，随机生成每个图像。零射评估包括向受过训练的说话者显示看不见形状/颜色的组合，并分别(多次)验证说话者看到颜色和形状。关键是要评估向说话者传达一种看不见元素的信息的能力。可见物体和不可见物体之间的通信精度差异不大，并且非常接近 1，约为 0.97。说明该语言方式可以成功地描述看不见的物体。

(5) 融入自然语言。为了获得易于解释的语言，研究人员试图迫使智能体产生更接近人类表征的信息。他们没有将相同的图像呈现给说话者和收听者(在其他候选者中)，而是呈现了与同一概念有关的图像。例如，在训练过程中，他们向说话者展示了一只狗，然后收听者不得不在非狗候选者列表中挑选另一只狗的照片。这种操作的目的是要迫使说话者像人一样发送“狗”信息，而不是以背景色或发光度发送信息。这种变化导致准确度略有提高，达到 45%。此外，为了迫使更多说话者对图像进行“人为”分类，他们在玩游戏(向收听者生成消息)和经典图像分类任务之间交替学习。

5.4 多人多机协同场景

5.4.1 HAO 智能系统

为了能有效驱动人类社会的经济发展，人工智能必须与人类智能有机结合，实现高度互补机制。由明略科技集团所提出的人、机器、组织三位一体的 HAO 智能系统，正是推动现阶段行业 AI 落地的理论体系。HAO 智能系统是由明略科技集团董事长吴明辉与首席科学家吴信东教授提出。2018 年 11 月 17～20 日在新加坡举办的 IEEE ICDM(国际数据挖掘)大会上吴信东教授以“论大智慧/On Big Wisdom”为主题采用演讲的形式在国际上首次发布 HAO 智能模型。2018 年 12 月 9 日吴明辉董事长在 2018 中国人工智能产业年会以“人、机器、组织三位一体的 HAO 智能，推动行业 AI 落地”为题的演讲在国内发布 HAO 智能模型，其中，H 代表人类智能(human intelligence)，A 代表机器智能(artificial intelligence)，O 代表组织智能(organizational intelligence)。HAO 智能的目标是将人和机器通过该理论体系打造成统一的组织，人类智能与机器智能协同互补，最终实现组织智能。

目前在餐饮服务、公共安全、医疗诊断、金融服务等需要人与人交互的行业场景下，机器虽然能够为行业赋能，但是却无法完全取代人，这些行业仍然需要人类知识和人工干预。例如，以前民警想要通过数据锁定犯罪嫌疑人难度极高，他们可能需要人工调取 200 个系统的数据，然后再基于这 200 个系统的数据进行分析和整合，通过逐一比对发现“蛛丝马迹”。如今，基于一些智能系统，民警只要以对话的形式发布指令，系统就可以自动调取案件相关数据信息，基于公安办案和研判的经验与规则，对“人、事、地、物、组织”进行可视化分析，寻找线索之间的相互关联，类似于“同行同乘”等隐藏关系一目了然。民警丰富的办案经验作为先验知识，可以指导机器如何高效地挖掘出更有价值的办案信息。如果缺少了民警知识的协同帮助，智能系统可能会把所有案件相关度较低的数据信息也调取出来，出现爆炸式数量的信息结果，使得系统的工作效率低下，并且难以发现有用的信息。

人工智能技术在这些任务中可以胜任相对机械性的工作，可以将人从繁杂、重复的工作中解放出来，去关注更复杂、更需要人类思考的现象与问题。所以人工智能技术在很多行业中发挥的是一个辅助功能。人不能成为人工智能技术的奴隶，数据只有为人类所用才有价值。如何充分发挥人类知识和机器的各自优势，实现人机协同，利用人工智能技术为更多复杂行业赋能，是我们迫切需要解决的问题。

HAO 智能旨在通过对人类智能、机器智能和组织智能三位一体的集成，并结合行业知识图谱，构建面向人机协同的智能系统，加速新一代人工智能技术在公共安全、社交网络营销和智能餐饮等知识密度高、管理复杂的领域商业化落地。HAO 智能主要建设面向人机协同的行业智能系统：面向公共安全、社交网络、智能餐饮等行业和领域的人机协同智能服务；超大规模知识图谱库，形成行业大知识库；完成公共安全、社交网络、智能餐饮等核心智能应用系统的设计和线上试运行。建设人机协同智慧“行业大脑”：基于人机协同的智慧大脑，在公共安全、社交网络、智能餐饮等行业提供数据收集、行动执行和决策制定这三方面的智能服务，并发挥关键作用；提高各行业人机协同智能化水平，提供公共安全、社交网络、智能餐饮等智能服务；同时，开放给创新、创业企业使用，快速提升企业竞争力，扩大市场就业。HAO 智能蓝图设计可见图 5.2。

HAO 智能中人与机器的协同工作，主要体现在数据收集、行动执行和决策制定这三个方面。在公共安全应用示例(图 5.3)中，面向人机协同的数据收集是指利用视频智能监控摄像头等感知设备与执法办案人员手工录入等人工方式共同采集公共治安所需要的信息，如视频录影中的人、车，可以通过机器视觉算法进行高效率的收集和处理。在冷启动阶段该环节需要执法办案人员录入标签，从而通过机器学习算法完成待标注样本的推荐。在行动执行环节中，基于知识图谱的交互式分析系统，可以将传统研判过程中的线索通过“扩展—推演—研判”等多步骤跨系统操作在同一个可视化环境中完成，系统智能推荐推演线索与嫌疑人清单，赋能研判人员，摆脱“汗水警务”。

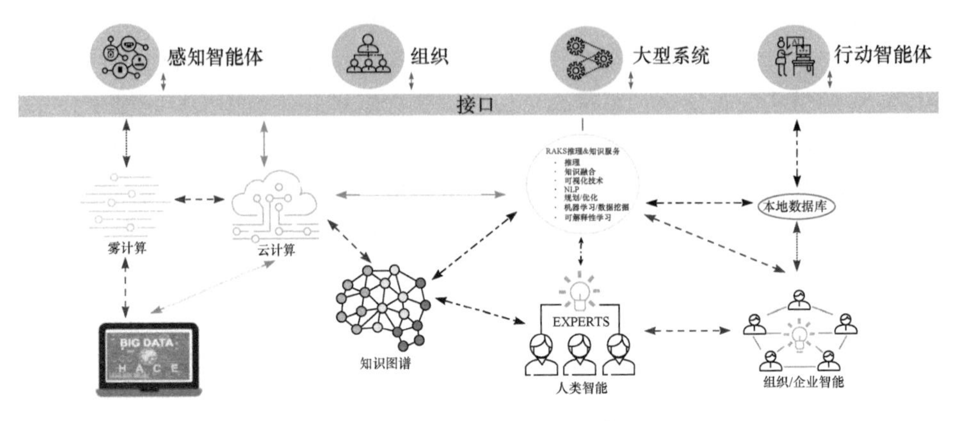

图 5.2　HAO 智能蓝图设计

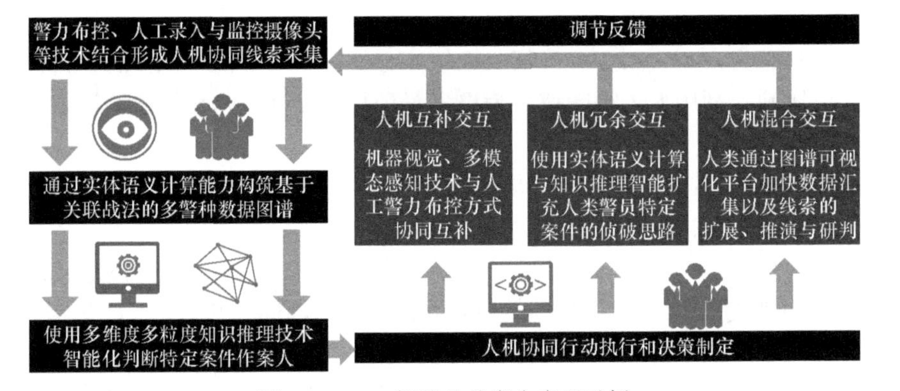

图 5.3　HAO 智能公共安全应用示例

在社交洞察分析应用示例(图 5.4)中，面向人机协同的数据收集是指使用机器智能体进行网络监测和抽样调研问卷等人工形式协同采集社交舆情。爬虫通过人工筛选的结果学习相关主题或与内容相关的网页元素，完成信息抽取质量的自主提升。社交洞察分析应用面向广告主的营销预算决策，使其更好地匹配品牌与受众。其中典型的决策应用包括：投放明星筛选、节目收视率预测、关键意见领袖使用网络水军情况的识别等。在上述过程中，使用数据收集得到的信息构建营销知识体系以及其间关联。人机协同在这一决策过程中体现在人通过使用基于知识体系的商业智能应用，探索、挑选营销资源，而智能体通过学习该探索过程，最终自主地在营销知识体系中完成自动推理，回答“在特定品牌营销项目场景下，选择哪些明星、节目或关键意见领袖作为传播媒介”这种问题，给出科学量化的决策依据。

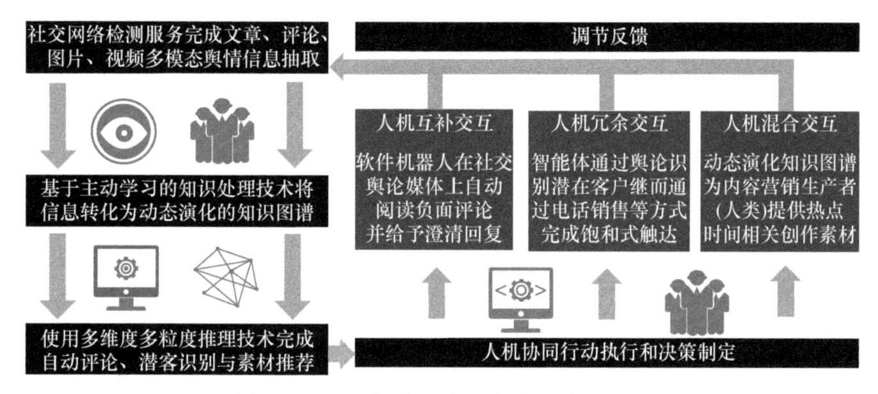

图 5.4　HAO 智能社交洞察分析应用示例

在智能餐饮应用示例(图 5.5)中，面向人机协同的数据收集是指智能机器人和人类服务员都作为服务终端共同参与信息收集，如当前的餐厅点餐情况、排队人数、客人情绪状态信息等。当某桌客人用餐完成已经离开或某处有物品打碎需要清理时，处于人机协同智能系统中的机器人或人类服务员终端，能够根据当前的餐厅情况在行动执行上自主决定是否去执行清理工作。在人机协同决策制定上，人类决策制定者(如店长)能够根据实际情况随时参与决策制定过程中，例如，在由系统处理的点餐排序中，店长可以根据当前等候用餐客户的情绪状态，改变其出餐次序。

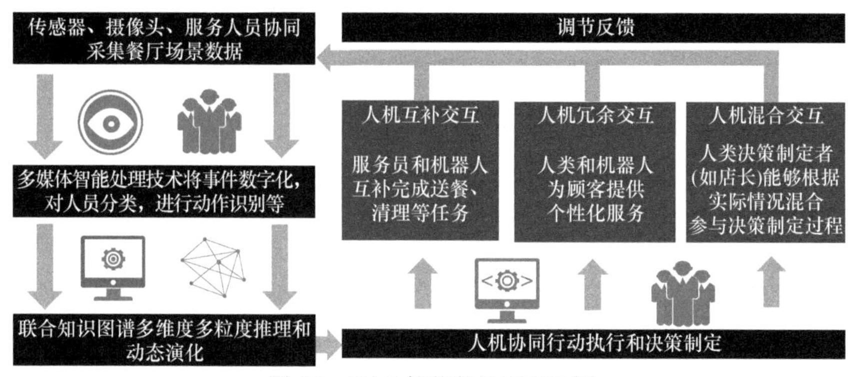

图 5.5　HAO 智能餐饮应用示例

2020 年 3 月 31 日，明略科技集团正式上线营销智能国家新一代人工智能开放创新平台——MIP(mip.mininglamp.com)，为众多对营销智能及人工智能技术应用有需求的组织、企业和开发者提供技术体系、产品体验、行业动态和专家经验，以推动营销智能及人工智能技术的创新研发和落地应用，加速人工智能领域先进科技成果的转化应用，为行业发展赋能。

营销智能国家新一代人工智能开放创新平台的技术体系，以明略科技集团自主开发，集人类智能、人工智能和组织智能为一体的 HAO 智能理论框架为基础，融合计算机视觉识别、语音识别、机器学习、自然语言处理、数据治理和语义推理、知识图谱等多种技术，结合明略科技集团在营销、广告、工业、金融、零售、餐饮、社会安全等多个领域案例中积累的真实场景实践经验，形成了人工智能从感知到认知，再到决策三个能力阶段的 HAO 技术，具体包括 HAO 感知、HAO 数据一体机、HAO 声音、HAO 图谱、HAO 模型、HAO 情报、HAO 预测、HAO 智能体、HAO 排序等系列基础软件模型、应用工具和解决方案。

HAO 感知、HAO 声音、HAO 图谱、HAO 排序四大技术模块展示了明略科技集团在这四个方向上的技术沉淀和技术产品能力，明略科技集团向企业界和学术界进行共享，广泛邀请国内外的高校和企业协同创新。其中，HAO 感知是基于计算机视觉、语音识别、音视频处理等技术的智能感知解决方案集合，开放了餐饮行业的"水饺品质检测"、交通行业的"车辆收费信息识别"和广告行业的"图像检索"功能。HAO 声音是基于数据和知识库的交互产品，可实现问答、对话和文本生成三个方面的应用。HAO 图谱是一套语音实时生成图谱的企业级知识图谱开发工具包，可以独立运行，也可交付给企业技术团队进行二次开发，并能与 HAO 技术的其他模块相互连接，核心模块包括语音流监听、语音转文本、文本补全、文本转图谱以及图谱话题切换，可应用于新闻、教育、金融等领域。HAO 排序是一套能够完成多目标、多属性、多层次排序任务的系统，包含数据采集、数据管理、算法管理、模型管理、应用管理等核心功能，支持自动分析结果获取，可帮助营销、金融、电力、公共安全等领域的企业和组织打造高效率的分析决策系统。此外，营销智能国家新一代人工智能开放创新平台开放了六大产品体验，包括数据管理平台(data management platform，DMP)、顾客数据平台(customer data platform，CDP)、顾客体验管理(customer experience management，CEM)、内容管理平台(content management platform，CMP)、伺服(serving)。在营销领域，帮助企业打通全渠道营销触点，获取消费者洞察数据，驱动广告个性化投放，实现数字化用户互动管理及运营，完成消费者数据闭环优化。

未来，明略科技集团将继续建设集营销智能软件平台、营销智能硬件平台、开源数据交换和查询平台、营销智能培训平台、人工智能众创平台、标准验证实验室、人工智能产业基金等为一体的营销智能开放创新平台，携手产学研合作伙伴共建平台生态体系。

5.4.2　城市大脑

1. 美团大脑

2018 年 5 月，美团点评自然语言处理中心开始构建大规模的餐饮娱乐知识图谱——美团大脑。美团点评作为中国最大的在线本地生活服务平台，覆盖了餐饮娱乐领域的众多生活场景，连接了数亿用户和数千万商户，积累了宝贵的业务数据，蕴含着丰富的日常生活相关知识。在建的美团大脑知识图谱目前有数十类概念、数十亿实体和数百亿三元组，美团大脑的知识关联数量预计在未来一年内将上涨到数千亿的规模。

美团大脑围绕用户打造吃喝玩乐全方位的知识图谱，从实际业务需求出发，在现有数据表之上抽象出数据模型，以商户、商品、用户等为主要实体，其基本信息作为属性，商户与商品、用户的关联为边，将多领域的信息关联起来，同时利用评论数据、互联网数据等，结合知识获取方法，填充图谱信息，从而提供更加多元化的知识。

美团大脑试图充分挖掘关联各个场景数据，用人工智能技术让机器“阅读”用户评论和行为数据，理解用户在菜品、价格、服务、环境等方面的喜好，构建人、店、商品、场景之间的知识关联，从而形成一个“知识大脑”。相比于深度学习的“黑盒子”，知识图谱具有很强的可解释性，在美团跨场景的多个业务中应用性非常强，目前已经在搜索、金融等场景中初步验证了知识图谱的有效性。近年来，深度学习和知识图谱技术都有很大的发展，并且存在一种互相融合的趋势，在美团大脑知识构建过程中，使用深度学习技术，把数据背后的知识挖掘出来，从而赋能业务，实现智能化的本地生活服务，帮助每个人“吃得更好，生活得更好”。

目前，美团大脑主要用于如下业务应用场景。

1) 智能搜索：帮助用户进行决策

知识图谱可以从多维度精准地刻画商家，其已经在美食搜索和旅游搜索中应用，可以为用户搜索出更合适的商家。基于知识图谱的搜索结果，不仅具有精准性，还具有多样性。例如，当用户在美食类目下搜索关键词“鱼”，通过图谱可以认知到用户的搜索词是“鱼”这种“食材”。因此搜索的结果不仅有“糖醋鱼”、“清蒸鱼”这样的精准结果，还有“赛螃蟹”这样以鱼肉作为主食材的菜品，大大增加了搜索结果的多样性，提升了用户的搜索体验。并且对于每一个推荐的商家，能够基于知识图谱找到用户最关心的因素，从而生成“千人千面”的推荐理由，例如，在浏览到大董烤鸭店的时候，偏好“无肉不欢”的用户甲看到的推荐理由是“大董烤鸭名不虚传”，而偏好“环境幽雅”的用户乙看到的推荐理由是“环境小资，有舞台表演”，使搜索结果更具有解释性，能吸引不同偏好的用户。

对于场景化搜索，知识图谱也具有很强的优势，以七夕节为例，通过知识图谱中的七夕特色化标签，如约会圣地、环境私密、菜品新颖、音乐餐厅、别墅餐厅等，结合商家评论中的细粒度情感分析，为美团搜索提供了更多适合情侣过七夕节的商户数据，用于七夕场景化搜索的结果召回与展示，极大地提升了用户体验和用户点击转化。

2) 商户赋能：商业大脑指导商家决策

美团大脑正在应用于收银系统，通过机器智能阅读每个商家的每一条评论，可以充分理解每个用户对于商家的感受，针对每个商家将大量的用户评价进行归纳总结，从而可以发现商家在市场上的竞争优势/劣势、用户对于商家的总体印象趋势、商家菜品的受欢迎程度。进一步，通过细粒度用户评论全方位分析，可以细致刻画商家服务现状，以及对商家提供前瞻性经营方向。这些智能经营建议将通过美团收银系统专业版定期触达各个商家，智能化指导商家精准优化经营模式。

传统的商业分析服务主要聚焦于单店的现金流、客源分析。美团大脑充分挖掘了商户及顾客之间的关联关系，可以提供围绕商户到顾客、商户到所在商圈的更多维度商业分析，在商户营业前、营业中以及将来经营方向，均可以提供细粒度运营指导。

在商家服务能力分析上，通过图谱中关于商家评论所挖掘的主观、客观标签，如"服务热情"、"上菜快"、"停车免费"等，同时结合用户在这些标签所在维度上的细粒度情感分析，告诉商家在哪些方面做得不错，是目前的竞争优势，在哪些方面做得还不够，需要尽快改进，以便更准确地指导商家进行经营活动。更加智能的是，美团大脑还可以推理出顾客对商家的认可程度，是高于还是低于其所在商圈的平均情感值，让商家一目了然地了解自己的实际竞争力。

在消费用户群体分析上，美团大脑不仅能够告诉商家顾客的年龄层、性别分布，还可以推理出顾客的消费水平，对于就餐环境的偏好，适合他们的推荐菜，让商家有针对性地调整价格、更新菜品、优化就餐环境。

3) 金融风险管理和反欺诈：从用户行为建立征信体系

知识图谱的推理能力和可解释性在金融场景中具有天然的优势，美团自然语言处理中心和美团金融共建的用户扩散及用户反欺诈服务，就是利用知识图谱中的社区发现、标签传播等方法来对用户进行风险管理，能够更准确地识别逾期客户以及用户的不良行为，从而大大提升信用风险管理能力。

在反欺诈场景中，知识图谱已经帮助金融团队在案件调查中发现并确认多个欺诈案件。由于团伙通常会存在较多关联及相似特性，关系图可以帮助识别出多层、多维度关联的欺诈团伙，能通过用户和用户、用户和设备、设备和设备之间四度、五度甚至更深度的关联关系，发现共用设备、共用无线网络来识别欺诈团伙，还可在已有的反欺诈规则上通过推理预测可疑设备、可疑用户来进行预警，从而成为案件调查的有力助手。

2. 阿里 ET 大脑

阿里巴巴集团技术委员会主席王坚经常说“ET 城市大脑是杭州献给整个世界的一个礼物，就像当年罗马给了世界一个下水道，伦敦给了世界一个地铁，纽约给了世界一个电网”。在他的理解中，城市是最伟大的发明，而城市大脑有着人类登月般的重要意义[132]。

ET 大脑的重中之重就是构建类人脑神经网络[133]，将数据从物理世界的数据孤岛收上来变成逻辑数据，规整后放到数据仓库中去，接着最重要的是构建知识模型，做到与人脑认知世界一样。比如做工业大脑时，需要得到企业资源计划(enterprise resource planning，ERP)数据，机器振动、工厂环境温湿度等参数，像大脑神经元一样，一些神经元可以控制机器的角度，可以控制添加原料的配比，将这些固定的信息建立相互的联系，如同建立人的知识图谱。

因此，构建知识地图是 ET 城市大脑中关键的一步。要求了解机器学习算法，最终解决的问题不仅是检测精确度，还要确定某个精确度与其他数据的关系，以及如何影响最终结果。这就是构建 ET 城市大脑的过程。将 ET 城市大脑产品化后，可以沉淀下来许多工具，包括机器学习平台、数据采集工具、数据分析工具、数据计算工具，在这之上就是知识图谱。

阿里在做电商、蚂蚁集团等时也是运用了类似的方法，在内部构建了体量十分庞大的数据平台，每天阿里系产生数据都是拍字节(PB)级的，再将数据进行关联抽取，去建立标签体系，即用户标签体系、产品标签体系、商家标签体系、位置标签体系等，每个标签体系中含有几千个标签，当天猫从业人员想做推荐，那么，推荐精确度取决于标签复杂度。同样地，在做工业大脑、城市大脑时，首先也是与客户一起建立知识图谱，基于图谱构建神经网络，才能做到实时反馈。

阿里云张建锋认为，做好行业大脑，必须把握好人工智能能力、云计算大数据能力、垂直行业整合能力。人工智能和云计算大数据是阿里云的强项，在行业知识上，阿里云选择了开放，与投资企业、合作伙伴共建。在城市大脑背后的技术架构上，分布着四大平台，涉及与城市交通、医疗、城管、环境、旅游、城规、平安、民生八大领域有关的计算功能、数据算法、管理模型等(图 5.6)，如下所示。

应用支撑平台：构建精细感知到优化管理的全闭环，以计算力消耗换来人力与自然资源的节约。

智能平台：建立开放的智能平台，通过深度学习技术，挖掘数据资源中的“金矿”，让城市具备思考的能力。

数据资源平台：全网数据实时汇聚，让数据真正成为资源，保障数据安全，提升数据质量，通过数据调度，实现数据价值。

一体化计算平台：为城市大脑提供足够的计算能力并具备极致弹性，支持全量城市数据的实时计算、艾字节(EB)级别的存储能力、日拍字节级处理能力、百万路级别视频实时分析能力。

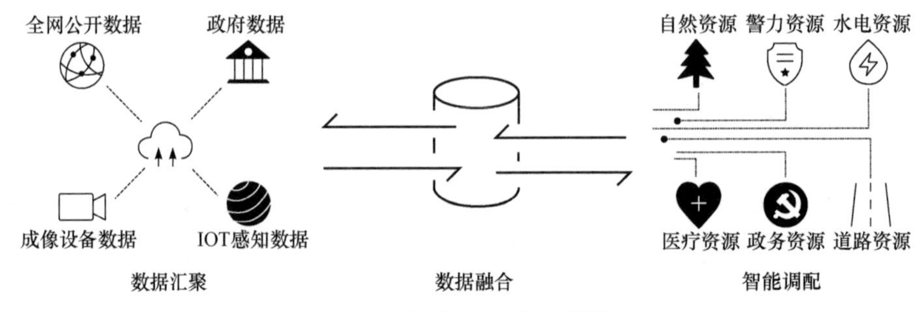

图 5.6　阿里 ET 大脑示意图

ET 大脑聚焦在城市、工业、农业、医疗、环境等数据密集型行业，由最初的城市大脑衍生出一系列“子大脑”。下面逐一进行介绍。

1) 城市大脑[134]

过去，交通视频检查都是由人工切换镜头来监测，屏幕眼花缭乱，工作较繁重。而基于视频自动巡检的城市大脑可以做视频实时分析，包括道路拥堵识别、车辆违规识别和交通违规识别等，机器可以对所有的摄像头实施 24 小时监管，事故发生时可以自动报警，还可以进行视频定位追踪。

ET 城市大脑利用实时全量的城市数据资源全局优化城市公共资源，即时修正城市运行缺陷，实现城市治理模式、服务模式和产业发展的三重突破。在城市治理模式方面，ET 城市大脑能够提升政府管理能力，解决城市治理突出问题，实现城市治理智能化、集约化、人性化；在城市服务模式方面，ET 城市大脑能够更精准地随时随地服务企业和个人，城市的公共服务更加高效，公共资源更加节约；而在城市产业发展方面，ET 城市大脑对产业发展发挥催生带动作用，促进传统产业转型升级。

在城市大脑视觉人工智能的项目组成上，目前分为天曜、天鹰、天机、天擎四个部分。前三部分为应用型，最后一部分为平台，如下所示。

(1) 天曜：能够对城市里的交通事件、事故进行全方位实时感知、自动巡逻。目前在杭州，天曜已经覆盖 700 多个道路断面，实现自动实时巡逻，有效释放 200 余名警力，交通事件、事故的报警准确率达 95%以上。

(2) 天鹰：能通过人和机器的交互，快速定位目标对象，可以用于寻找失踪人口、追踪肇事逃逸车辆等。其涉及的技术将世界知名行人识别数据的首位命中率提升到 96.17%。

(3) 天机：可以通过区域内的历史视频数据，预测未来的车辆、人流量，从而合理安排出警、人员接送车等，做好交通疏导，避免发生拥堵和安全问题。

(4) 天擎：是城市大脑处理视频信息的发动机，负责把海量的视频图像信息在最短的时间内处理为二进制语言，从而为之后的车辆识别检测、行人识别检测提供基础。由于部署在云端，“天擎”可以利用云计算的弹性扩容、高可用性来处理任务，满足不同规模城市的需求。

城市大脑的价值，从技术角度看是城市智能化、数据化、全面、实时、全量的决策，从更大层面是城市治理模式、城市管理模式和城市产业的突破。

目前，阿里 ET 城市大脑已成为全球最大规模的人工智能公共系统之一，已覆盖交通、安防、医疗、旅游、市政建设、城市规划、工业、环境、政务民生等领域，为产业界带来了巨大的经济效益。这些场景中，交通、城市治理、政务民生是最具吸引力的场景。

交通方面，交通大脑实际上已成为 ET 城市大脑最核心的业务，也是切入智慧城市的先行者。通过视频识别交通事故、拥堵状况，融合互联网数据及接警数据，即时全面地对城市突发情况进行感知。结合智能车辆调度技术，对警车、消防车、救护车等各类车辆进行联合指挥调度，同时联动交通信号灯控制系统对紧急事件特种车辆进行优先通行控制。在资本布局上，阿里全资收购了高德地图(定位与导航)，合资成立千寻位置(高精地图)，又与中兴通讯合资成立浩鲸科技(交通)等。通过高德、交警微博、视频数据的融合，城市大脑可以对高架和地面道路的交通现状进行全面评价，精准地分析和锁定拥堵原因，通过对红绿灯配时优化实时调控全城的信号灯，从而减轻区域拥堵。在公共出行与运营车辆调服上，城市大脑通过视频、高德、运营商等数据对人群密集区域进行有效的感知监控，测算所需要的运力。根据出行供需调整和规划公交车班次、接驳车路线、出租车调度指挥，将重点场馆与重要交通枢纽的滞留率降到最低。此外，阿里还投资了汽车智能网联公司斑马智行，阿里云、阿里操作系统和阿里人工智能实验室联合推进车路协同、无人驾驶等诸多交通领域。

城市治理方面，城市用电排水检测、火情消防智能检测、灾情处置全局联动、垃圾清运管理优化、路边泊位智能调度等城市管理的全域应用都在逐步推进。

政务民生方面，浙江大力推动的“最多跑一次”政府网上服务项目，就是阿里 ET 城市大脑与政务云的结合，改“百姓跑腿”为“数据跑腿”，大大提高了群众的民生服务获得感。

显然，一切的功能都离不开底层知识的汇聚和在此之上的知识图谱技术。

2018 年 9 月，阿里宣布了一项重要的计划：全面开放城市大脑平台。这意味着城市大脑从一项赋能杭州的大脑应用转为更强大的生态型平台。其中，一体化计算平台、数据资源平台、智能平台、应用支撑平台这四大平台都走向了开放，面向对象将包括政府管理部门、大学与科研机构、咨询公司、中小创业者及技术极客。具体表现如下所示。视频 AI 能力开放：面向视频行业，全面支持安防行业标准；支持主流厂商的流媒体系统；打通安防行业与互联网行业；具有 10 万路视频流接入能力。开源计算平台开放：基于 Flink 构建计算服务，全面支持开源生态；提供异构计算动态调度、故障切换服务，提供 99%时段的实时性保证，提供安全的计算环境，确保用户的数据以及资源安全。搜索服务开放：提供实时视觉特征索引服务，提供高并发实时查询服务，提供多种视觉特征碰撞服务。可以看出，阿里想紧紧抓住的是智慧城市领域的第一波创业者和研究者，而这种想法在其他厂商中间似乎不多见。同时，阿里云与专业厂商积极合作，如浙大中控、银江科技、浙江大华、图盟科技等公司，以期望能够将其最新技术注入传统厂商的方案当中。

2) 工业大脑[135]

我国提出要在 2025 年实现“中国智造”，为此阿里云联合生态合作伙伴共建 ET 工业大脑开放平台，秉持“生态 · 众创 · 共赢”的理念，加速推动工业制造的智能化转型升级。

阿里 ET 工业大脑拥有如下四大核心优势。

(1) 为每条工业产线赋予工业大脑。支持工业领域 90%以上的设备与协议，无须改造工业设备与生产流程，产线数据即可实时接入工业大脑。

(2) 提供数字化的行业知识图谱。平台集成与开放了 3 大行业知识图谱、19 个业务模型、7 个行业数据模型以及 20 多个行业算法模型，并提供持续的升级与演进功能。平台同时提供了算法工厂和知识图谱构建工具，可持续生成与积累数字化的工业知识。

(3) 数十万人可持续注入智慧。降低了大数据和人工智能使用门槛，让业务专家、工艺师、老师傅能够轻松拥有使用数据与人工智能的能力，实现人类智慧与工业大脑的完美结合。同时阿里云天池平台拥有包含 20 多万数据科学家的国内最大人才库，为工业大脑持续注入外脑智慧。

(4) “轻服务”模式提供“大数据”应用。支持云和端一体化，在云上提供了海量数据处理能力，为庞大复杂的工业产线提供数据挖掘分析，并实现复杂算法模型训练。训练好的智能服务能够以轻量级模式在本地工业端部署运行。

阿里 ET 工业大脑示意图如图 5.7 所示。

ET 工业大脑开放平台当前已广泛应用到能源、化工、钢铁、水泥等不同工业制造领域，帮助生态伙伴取得了巨大的经济价值。

3) 农业大脑[136]

阿里 ET 农业大脑架构如图 5.8 所示。

阿里 ET 农业大脑覆盖农业产品链上中下游，针对种植和养殖均有广泛应用。

举例来说，针对农业种植，基于图像识别，阿里 ET 农业大脑对玉米生长周期进行监测，可以将玉米生长周期进行分类，根据叶绿素的浓度判断玉米处在哪

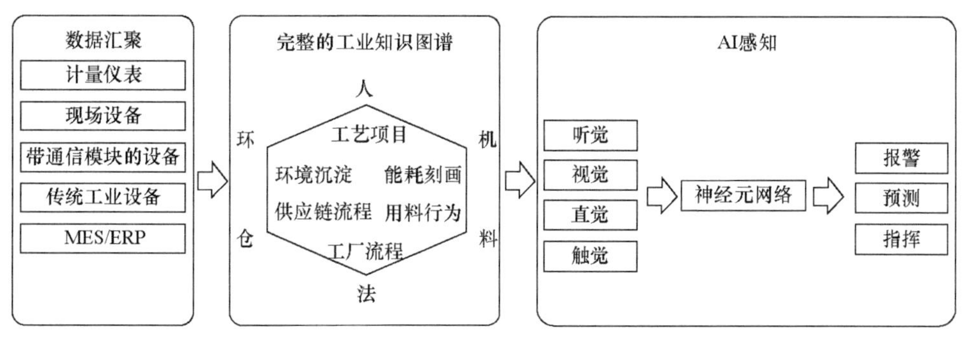

图 5.7 阿里 ET 工业大脑示意图

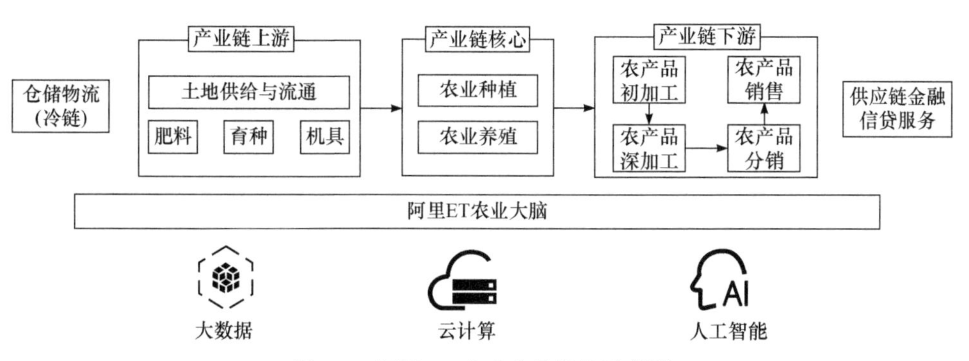

图 5.8 阿里 ET 农业大脑架构示意图

一个生长周期，并与正常在该生长周期的状态进行对比，从而判断玉米是否呈病态。针对农业养殖，基于语音识别，农业大脑对猪仔生长情况进行检测，辨别猪仔的异常叫声，可以极大减少猪仔病死率。ET 农业大脑可以对每一头猪建立独立的身份 ID，通过视频跟踪，检测猪每日进食量、运动量，为每一头猪提供质量评估。基于红外识别，可以提早发现猪的体温异常，减少猪瘟的发生。

具体来说，农业种植方面，阿里 ET 农业大脑包括如下算法。

(1) 智能种植助手引擎算法：基于多维数据的综合分析和智能优化生成标准化种植方案，实现农产品种植的标准化和商品率的提升。

(2) 农作物资产盘点引擎算法：通过图像识别技术，实现大田农作物的资产盘点，为订单农业的订单匹配提前做计划。

(3) 产量预测引擎算法：农作物采摘前，可提前预测出产量，预测包含不同级别农作物的颗数、单重量、总重量。

(4) 水肥决策引擎算法：建立农作物生长模型，制定农作物的全生长周期水肥方案，可实现实时的水肥决策，有效降低水肥成本，提高农作物产量。

(5) 智能农事调度引擎算法：通过多维数据的综合分析和智能预测给出结果，联动智能化农业机械，实现自动化精细作业。

(6) 智能排产分析引擎算法：对农产品产量和质量预测，分析市场供需关系，形成智能化的种植计划，以销定产。

(7) 病虫害预警引擎算法：通过多维数据建立预警模型，结合病虫害防治知识库自主输出病虫害治疗方案，降低虫害和病害造成的损失。

(8) 温室环控分析引擎算法：通过对大棚内的多维环境数据进行分析建立模型，实时给出决策，在大棚里创造更有利于农作物生长的环境，提高收益。

4) 医疗大脑[137]

阿里云致力于同医疗领域的参与者一起，专注、谨慎、聪明地应用数据智能来协助医生、护士为患者提供更好的医疗服务，挽救更多生命。ET 医疗大脑旨在解决以下四大医疗行业核心问题。

(1) 医疗质量管理：通过对临床数据和医院运营数据的分析，结合各级部门对医疗质量标准的管理，综合运用阿里云自然语义分析、智能算法能力，对病历/病案质量、临床路径标准等进行自动监测和分析。大幅降低由各类“错误书写”和“信息缺失”造成的医疗事故，提高医疗服务质量，实时对医疗机构的服务质量进行提示和统计管理。

(2) 精细化运营分析：利用阿里云智能分析算法，对医疗机构和区域医疗的运营核心指标(包括收入、利润、门急诊/住院、抗菌药管理等 700 余个重点关心的指标)、上级主管部门考察的重点指标(根据主管部门要求设置，并在云端定期更新)进行跟踪分析，跟踪预测指标走势，第一时间发现异常情况，并对核心指标的影响因素进行分析，找到影响核心指标的关键因素和科室，为制定管理策略提供参考。

(3) 人工智能能力接入：面对各类单点的人工智能能力(图像、语音、临床辅助决策等)，通过阿里云自主研发的“统一人工智能和数据集成平台”，医疗机构可以实现一站式智能应用对接，提供可视化应用管理、安全数据对接、统一数据脱敏，以及异构数据快速集成等能力。医疗机构和客户可以安心对接阿里云生态内各优秀的人工智能算法。

(4) 智能资源调度：床位不够用、CT 排队时间长、儿科急诊排队长等问题每天在各类机构出现，利用历史数据和城市级别的其他数据可以智能分析与预测机构面临的医疗需求，有效优化资源的使用，让患者获得专业的医疗服务。

阿里 ET 医疗大脑汇集医能形象、电子病历、家用设备、体检报告、个人上传数据、ERP 等数据，实现动态感知，从而实现向医生提供临床建议及决策辅助，帮助管理者优化资源配置和医疗服务监管，面向消费者提供个性化健康指导和就医建议。目前已落地病历智能质检系统、门诊智能监控平台、医疗大脑医学影响平台、糖尿病精准预测等解决方案。

5) 环境大脑[138]

ET 环境大脑基于阿里云计算、人工智能与物联网的能力，实现生态环境综合决策的科学化、生态环境监管的精准化、生态环境公共服务的便民化，它能够发现卫星图像背后的环境密码，将气温、风力、气压、湿度、降水、太阳辐射等信息进行交叉分析，可辅助政府、公益机构实现对生态环境的综合决策与智能监管，并以服务形式对外开放。

ET 环境大脑目前有三大应用场景，分别是分析研判、环境监管及云上生态等。

ET 环境大脑提供全景式生态环境形势研判模式，加强生态环境质量、污染源、污染物、环境承载力等数据的关联分析和综合研判，强化经济社会、基础地理、气象水文和互联网等数据资源融合利用和信息服务。例如，在海洋渔情预测中，阿里云 ET 环境大脑将海洋环境大数据、数据智能和人工智能技术，成功应用于金枪鱼的渔情发现中，通过针对海面高度、分层水温、叶绿素、气象、渔船等数据分析,从可能影响该海域金枪鱼产量的众多因素中提取最关键的影响因素，根据这些关键因素搭建金枪鱼抓捕的渔情预测模型，为金枪鱼的发现提供了可靠的信息，有助于避免盲目的捕捞，也减少了出海的成本，成为保护海洋生态环境和远洋渔业稳步发展的重要保障。

ET 环境大脑为生态环境提供预测、预警、评估、报警等系列智能生态环境监管。综合阿里云人工智能视频解析、图像识别、语音识别、实时计算等技术能力，结合阿里云物联网技术更快、更准确地完成对自然灾害、极端天气及环境风险源转移的监测和预警。某固废大数据项目中，采用大数据、数据挖掘和机器学习算法实现固废管理的创新。ET 环境大脑在固废大数据项目中所做的工作，涵盖了固体废物生命周期的多个环节。在固废产生环节，针对产废企业的环境画像，构建环境综合能力评估模型。在处置环节，针对处置企业的环境画像。在转移环节中，针对产废和处废企业，构建智能推荐模型，实现产废和处废的科学匹配，减少中间环节，提高交易效率。在固废运输环节，构建危险废物运输环节的动态监管和风险研判系统。

ET 环境大脑为生态环境大数据服务平台通过接口提供便捷的环境数据服务，让所有人可以随时获取大气、地面、水体等环境数据。可由生态环境数据管理平台支撑数据处理、模型开发及大数据产品研发和应用。

5.4.3　智慧餐厅与服务机器人

2016 年，机器人餐厅一度在广州、北京、成都等地开业，这些机器人餐厅全部由机器人提供服务。然而，这些机器人还处于比较原始的阶段，只能做到按照既定轨道运行，服务体验不佳，因而不但没有获得推广，一些餐厅甚至倒闭。

随着近年来人工智能技术的快速发展[139]，2018 年，位于北京的海底捞智慧餐厅、位于上海的阿里巴巴盒马鲜生南翔店、位于天津的京东 X 未来餐厅相继开业，成为人工智能赋能机器人的智慧餐厅典型案例。在现代智能餐厅中，得益于即时定位与地图构建技术、自动避障技术的发展，服务机器人可以自主导航定位，将菜品送至餐桌，并自主躲避行人和障碍物。

盒马鲜生的机器人餐厅可以做到厨师烹饪之前的全部无人化操作，自动送餐至桌位并语音提示顾客取餐、收桌以及自动清洗餐具。京东 X 未来餐厅则主打机器人配送服务。海底捞采用的花生送餐机器人(图 5.9)早先便在上海逸品源餐厅进行服务，并在海外市场进一步推广[140]。

可见智慧餐厅不仅有负责配菜的机械臂，也有将餐品送上餐桌的送餐服务机器人、收拾桌子的收桌服务机器人。同时，机器人逐渐放弃了“像人”的形态，而是增加了多层置物架等，旨在增强实用价值。这样的服务机器人很好地解决了餐厅服务员人员流动率高、一次配送量低的问题[141]。

上述智慧餐厅均仅实现了部分环节的无人化，推出的大部分餐饮机器人以迎宾、配餐、传菜或炒菜为主，通常是单独某个细分领域或者局部环节上的零散应用[142]。目前，智慧餐厅发展领先的餐饮企业当数碧桂园[143]，其集团旗下的中餐厅实现了完全无人化，使用了一整套自研机器人系列，做到了行业领先，实现了从中央厨房到冷链运输，再到店面机器人的全系统搭建和运营。由于完全无人，自建的中央厨房严格把控食材源头，优选各类食材并做到全程电子溯源，自动化的流水线和智能加工设备保障处理过程避免污染，同时整个后厨加工制作过程隔离人工接触，明厨亮灶保证食品安全。

碧桂园智慧中餐厅从迎宾开始就完全是机器人服务，迎宾机器人配备自主导航系统，将客户引导至餐桌。调酒机器人是一个单机械臂，与宇宙茶的奶茶机械臂有些相似。送餐机器人有一米多高，日均配送可超过 400 盘，是人类传菜员的两倍以上。

碧桂园集团旗下 Foodom 机器人中餐厅旗舰店已投入至少 46 种机器人作为餐厅运营的核心设备，这套设备在核心技术上均实现自主研发，菜品制作又好又快，如煎炸机器人、甜品机器人、调酒机器人、炒菜机器人(图 5.10)等都能实现秒

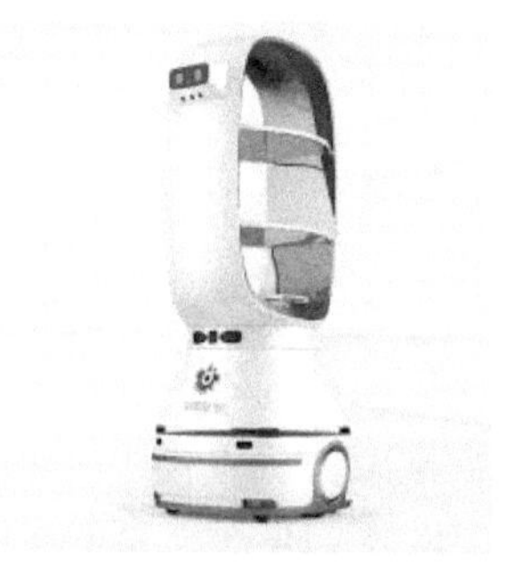

图 5.9　花生送餐机器人

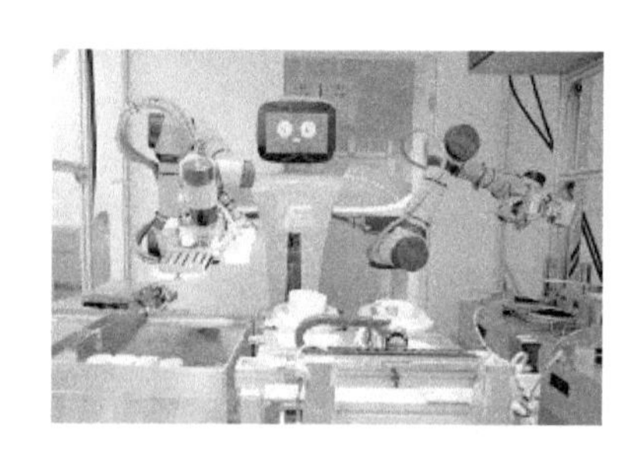

图 5.10　碧桂园炒菜机器人

级出品，并且烹饪制作过程排除人为干扰，菜式品质稳定，由此带来翻台率提升进而增加餐厅营收。

智能机器人进入餐饮业打造无人餐厅，相比传统人工餐饮业有着诸多优势，如下所示。

(1) 提供个性化点餐服务。

目前流行的无人点餐有扫码在线点餐、自助点餐终端两种形式。对于扫码在线点餐，结合云端大数据技术，客户点餐后系统可以记录用户的用餐习惯，从而智能地为用户推荐相关菜品。如果使用自助点餐终端，结合人机对话、VR 技术，可以向客户更加直观地介绍菜品，获得更佳的点菜体验服务。

(2) 节省人工开支，提高服务质量与效率。

使用智能机器人带来的成本节省是多维度的，包括在线点菜、结账系统替代前台服务员，由于不需要实际机器人服务，这项成本是十分低廉的；在备菜、烹饪环节，相比于人类，单个机器人可以同时兼顾更多锅位，并且用料精准，品质稳定；在送餐环节，传统的服务人员流动大，相对的招工、岗前培训需要大量的时间成本，而机器人能完美解决这项痛点，并且拥有比人更大的送餐量，极大地提高了送餐效率。

随着自然语言处理技术的发展,机器人与人进行语言交互的体验正渐入佳境。各大公司均大力发展自己的智能对话系统，如苹果语音助手 Siri、天猫精灵、华为智能助手小艺、小米智能助手小爱同学等。这一技术也在餐饮行业中自然落地，包括点餐时的人机交互、取餐时的语音提醒等。进一步地，未来还可以在顾客对菜品、餐厅服务产生不满时进行自动问答与人机对话，处理基本投诉。

另外，机器人只需供电即可工作，它们不知疲倦，不需要休息，可以在保证服务质量稳定的前提下极大延长餐厅营业时间。

(3) 进一步提高食品安全的保证，加强食品质量。

食品安全近年来一直是社会热点，有不少餐厅存在“不敢得罪服务员”的状况。然而在无人化的智慧餐厅中，一切皆由智能机器人操作，无须担心食品在制作、上桌过程中会被污染。

另外，精准的程序控制可以避免意外的发生，人类会犯错，但程序不会。由智能机器人进行烹饪，菜品品质更为稳定。另外，在上菜过程中，可以让专门的配送机器人通过加载保温系统等方式，保证菜品上桌时是最佳状态，提供更高质量的用餐体验。

(4) 吸引客源。

肯德基近年推出机器人甜品站获得了追捧，方箱前总是排着队。年轻人会出于好奇与对新鲜事物的新鲜感被无人餐厅吸引；家长们可能会希望孩子能有更多的见识，产生对高端科技的兴趣而热衷于带孩子光顾……无人餐厅的概念本身就是很好的招牌，相信这一块市场还拥有更大的潜力。

现在互联网用户多为青少年为主的年轻人群体，随着科学技术发展和人们思想观念的转变，今后互联网用户群体将不断扩大，这也倒逼整个餐饮行业快速向智能化、数字化靠拢，以适应科技发展的新形势[144]。

中国烹饪协会会长姜俊贤预计未来几年，智能科技将大面积地渗透餐饮业，从而影响整个餐饮行业。推动高质量发展、提质增效依然是当前餐饮行业改革发展的主题[145]。

5.4.4 智能家居与智慧养老

1. 智能家居

在万物互联的时代，伴随着物联网信息技术的快速发展，各类手机应用程序、网络购物、云技术、智慧屏等新兴的生活方式和技术正在不断改变着我们的生活。与此同时，人们对家居环境的要求也不断提高，希望自己的居住环境不仅仅是休息的空间，还应该更加便捷、舒适、优美和人性化。因此，智能家居作为智慧系统的基础单元，近年来发展得越来越快。

智能家居是把我们每个人居住的家庭生活空间作为平台，将其中的各种设备整合互联在一起，通过各种设备的互联互通实现家庭的智慧化管理。智能家居不仅能将家庭空间内的设备进行互联，也能够通过家庭内部网络设备将得到的信息与外网互联，从而实现与家庭外部设备的互联互通。目前，物联网、无线网络及传感器的迅速发展与普及，促进了智能家电和网络技术的进一步完善，使智能家居系统产生了根本性的发展和改变。作为以家庭为主要业务场景的本地化广电数据服务企业，河南有线电视网络集团从用户的需求出发，以物联网智能家居为抓手，不断促进技术转型升级，不断延伸服务触角，深化服务内涵，提高用户获得感，筑牢用户根基，以此来满足用户日益增长的需求。智能家居的主要目标包括舒适丰富的生活环境、安全有效的防御体系、方便灵活的生活方式以及高效可靠的工作模式。

大数据、边缘计算、物联网、机器学习等人工智能技术的突破，为智能家居行业奠定了技术基础；5G 通信的推广[146]，使得数据等信息的传输具备了加速条件；智能家居产品销量不断攀升，积累了大量的数据资源。

我国对于智能家居的发展也十分重视。2019 年底在合肥举办了主题为“智 · 慧美好生活”的中国智能家居国际高峰论坛。该论坛由中国家用电器研究院、合肥市经济和信息化局、中国标准化协会共同主办，旨在促进智能家居行业技术进步，提高家居生活体验[147]。大会上，进行了多家智能家居质量、可靠性检测实验室的授牌仪式。国家智能家居质量监督检验中心与各领域的优秀实验室合作授权，开启了认证机构与学院、企业合作的新纪元，对智能家电行业的发展具有深远意义，将有效提升多边合作效率与参与度，使更多主体参与到检测认证中，促进行业上下游协同，保持高水平、高质量发展。

然而，目前智能家居的市场、产业发展均比较初步，尚存在许多不足，如下所示。

(1) 体验碎片化，系统性不足。

目前，智能家居距离市场普及仍有距离，还处于市场教育的初期，人们对智能家居的认知度还较低。智能家居系列产品的发布、出售十分分散，都是由多个独立组件提供独立功能，关联甚少。由此导致消费者对智能家居，尤其是全屋智能家居系统的了解、购买动机不足。

(2) 缺少集成商。

智能家居行业的发展，不仅要靠小米、华为等科技公司的产品研发实力，因其是一个系统，更要靠综合服务能力。集成商掌握丰富的家居客源，集成系统服务经验丰富，也是智能家居市场中应该受到重视的一方，是产业链的关键一环。

(3) 缺少统一的标准。

智能家居的标准在国际上也没有统一的规范，目前仅仅在某些领域有所规范。而国内如上所述，目前以独立功能的产品居多，因此仅在自称小体系中自由标准，缺乏统一性和兼容性。

智能家居正处于由离散子系统和智能单品向集成智能家居系统过渡的阶段。目前国内智能家居知名度较高的有小米推出的米家系列、阿里巴巴推出的阿里智能、京东推出的京东微联、华为的 HiLink 智能家居以及苹果的 HomeKit 系统。其中小米、华为、苹果的发展较为封闭，分别推出的是集成自家系列单品的手机软件来进行自家系统的管理。

下面选取小米智能家居的一部分主流产品进行介绍，展示目前国内智能家居系统已达到的发展水平。小米智能家居系统架构为一个中枢管理系统，下设各服务组件，由中枢管理系统进行任务发布和控制管理。管理系统有两个选择，一是米家手机软件，二是人工智能音响。米家手机软件是米家智能家居生态的统一管理软件，可以与小米全系列设备进行连接，并进行指令管理，为各个智能家居部件进行任务发布和控制管理。而人工智能音响小爱同学是更为便捷的智能控制中心，由于其可以方便地进行语音交互，无须寻找手机来进行家居管理。另外小爱同学也拥有一切语音助手的功能，包括设置闹钟、查询天气、查询路况、计算、翻译等丰富多彩的功能。当然，小爱同学作为一个音响，自然也具备播放音乐的功能，包括语音点歌、音响手机软件点歌、蓝牙连接、数字生活网络联盟等方式。

小米的智能家居终端部件十分丰富，例如：

小米扫地机器人搭载激光雷达，可进行全局巡航扫描；搭配先进的 LSTM 算法，可以做到高精度自建地图、清扫路径规划和自主导航；搭配手机软件，可以实现远程控制和状态监控，也可以使用人工智能音响小爱同学进行语音控制；可在手机软件内选择全局或局部清扫，设置禁区、虚拟墙等。

米家人体传感器可以感知人或宠物的移动，从而实现智能联动控制其他智能设备。例如，感应小夜灯可以在夜晚起夜时自动打开夜灯；当家中人均外出时可以开启警戒模式，当有人闯入时自动报警，实现安防警戒的功能；也可以感知宠物的移动，因此当宠物偷跑出门时，可以实现实时的通知报警。

电子温湿度计可以检测大气压强，进行实时温湿度状态反馈，并且联合管理手机软件可以当检测异常时进行提醒；通过米家手机软件对历史数据进行记录并绘制变化曲线；与空调伴侣联动从而自动调节室内温度；搭配智能插座，可以与加湿器或其他电器配合，改善湿度。类似的还有天然气报警器、烟雾报警器等。

另外，米家系列还包括小米智能窗帘电机、智能墙壁开关、智能无线开关、智能 LED 吸顶灯、智能门窗传感器、智能插座等诸多终端组件。可以发现，米家对智能家居的布局已经深入到了家居的诸多细节，不足的是尚没有一个清晰的方案能够说明小米的智能家居全局服务功能。

可以看到，智能家居的发展趋势是智能化、细致化、简单化演进，往往需要一句语音或一个轻拍操作就可以便捷管理所有终端。这极大地降低了智能家居的使用学习成本，无论老幼均能快速上手使用。

2. *智慧养老*

事实上，我国甚至是全球各大国家老龄化程度不断加深，老年人口数量非常庞大。而且可以断言，将来老年人一定能成为消费的主力，而不是年轻一代，这在当今的老龄化国家日本已经成为现实。

老年人又是居家时长最长的人群，与此同时老年人自理能力不如年轻人，需要照顾，具有刚性需求。随着社会发展，生活节奏不断加快，子女愈发忙碌，因此出现了许多空巢老人的问题。儿女对父母身体和安全状况等最基本的信息都不能随时了解。而这一切，都很有可能借助现代科技，如物联网、智能家居、智慧家庭技术来解决。

另外，2017 年 2 月，工业和信息化部、民政部、国家卫生计生委联合印发《智慧健康养老产业发展行动计划(2017—2020 年)》，要求重点推动智慧健康养老关键技术和产品的研发，以及推动在养老和医疗机构中优先使用智慧健康养老产品，鼓励财政补贴家庭和个人购买智慧健康养老产品。有着政府政策支持，可以说智能家居在养老市场中具有巨大的前景[148]。

通过5G赋能，万物互联，加上人工智能算法的支持，智慧养老系统前景可期。相比于普通的居家智能，智慧养老更应在实现基本功能的基础上，在人机交互方式上下功夫。

由于老年人身体不便，可能会存在多种多样的交互困难。有的老人可能无法下床，有的老人可能无法说话，有的老人可能视物不清，有的老人可能存在听力障碍……因此，如何服务各类特殊的老年人群应是智慧养老家居的研究重点，应提供多种方式的交互途径[149]。

另一个在居家养老产品方面值得注意的地方是子女终端与老人设备的交互。子女可以通过智能家居实时了解老人的居住情况和身体情况，并可通过智能家居系统与老人进行多维度交互[150]。单个家庭的智能家居也应在一定程度上接入小区物业服务系统、街道社区服务系统、社区医院卫生系统等进行多人多机多层级的交互，为家庭，尤其是老人的居家生活带来便利。

5.4.5 智能制造

20世纪90年代，由于产品全球化市场竞争加剧和信息技术革命的推动，围绕提高制造业水平的新概念和新技术不断涌现，在此背景下，将新兴的人工智能技术应用于制造领域使“智能制造”的概念孕育而生，并促进了智能制造技术和智能制造系统的研究[151]。

近年来，信息技术和人工智能技术取得了巨大的进步，2018年初我国政府发布《新一代人工智能发展规划》，提出基于新一代智能技术发展我国智能制造，引导新一代信息技术、人工智能技术不断应用于制造领域。“十三五”期间我国实施智能制造示范工程，工业和信息化部专家对智能制造给出定义为“智能制造是基于新一代信息技术与先进制造技术的深度融合，贯穿设计、生产、管理、服务等制造活动各个环节，具有信息深度自感知、智慧优化自决策、精准控制自执行等功能的先进制造过程、系统与模式的总称”，认为智能制造应“具有以智能工厂为载体，以关键制造环节智能化为核心，以端到端的数据流为基础，以网络互连为支撑等特征”。推进制造业智能转型升级，可有效缩短新产品研制周期，提高生产效率和产品质量，降低资源能源消耗。

“中国制造 2025”明确提出要以新一代信息技术与制造业深度融合为主线，以推进智能制造为主攻方向，并规划了实施制造强国战略的十年行动纲领，其中提出重点实施智能制造工程，明确提出“紧密围绕重点制造领域关键环节，开展新一代信息技术与制造装备融合的集成创新和工程应用”。工业和信息化部、财政部联合制定《智能制造发展规划(2016—2020年)》，着力推进智能制造示范工程，并发布智能制造工程实施指南，指明了实施智能制造工程的主要内容，重点引导智能制造相关核心技术研发和实践应用示范工程的建设。

智能工厂是实现智能制造的基础[152]。有了智能工厂，就可以实现高度智能化、自动化、柔性化、定制化的生产，快速响应市场需求。智能工厂的总体框架包括三大层级。

第一层级为企业层，扮演管理者的角色。主要职能有产品全生命周期管理(product lifecycle management，PLM)以及 ERP 两部分，将企业人力资源、商业模式、产品资源信息都整合起来，支持协同制造、管理和产品信息发布等，可促进产品和生产过程的创新。

第二层级为车间生产执行层，包括计划排产、生产执行、物料管理、质量控制、资源管理、现场管理等模块。其中计划排产包括计划接收、工单处理、规划脚本、生产排序、计划发布等，使用高级计划与排程系统(advanced planning and scheduling，APS)实现；生产执行包括生产作业准备、生产进度跟踪、在制品跟踪、生产异常管理等；物料管理包括物料配送协同、现场库存作业、物料预警监控、电子拣料等；质量控制包括质量追溯、缺陷管理、关键件管理、质量分析等；资源管理包括车间人员管理、刀具管理、设备管理、成本控制等，这部分功能通过大屏显示监控终端实现；现场管理包括数据采集、现场指令、作业指导、生产防错漏、现场打印、监控预警等，通过设备集成控制实现。

第三层级为现场设备层，主要包括生产线、工业机器人、数控加工中心等，其核心是基于全集成自动化(totally integrated automation，TIA)理念构建的自动化系统，普遍采用工业现场总线技术，实现现场各类智能设备信号的互联互通，并通过工控机、可编程逻辑控制器(programmable logic controller，PLC)及工控软件进行生产现场智能设备的协调控制，以及人机协同作业，实现更具灵活性的自动化生产制造过程。

在阿里 ET 工业大脑的赋能下，已经有多家企业通过与阿里合作，使用 ET 工业大脑的解决方案实现了智能制造。另外也有诸多公司选择校企合作，殊途同归地走上智能制造工厂的道路。武汉华中数控股份有限公司利用自主云数控平台，联合华中科技大学制造装备数字化国家工程研究中心开展产学研合作，构建具备自主知识产权的国产智能工厂。总体技术框架主要分四层架构，分别为智能决策层、智能执行层、智能传感层、智能设备层，并通过工厂大数据中心平台进行集成。

围绕智能制造强国战略，广东劲胜智能集团股份有限公司和武汉华中数控股份有限公司联合承担国家首批智能制造试点项目“移动终端金属加工智能制造新模式”。该项目主要面向手机、平板等产品的金属零件加工制造，且现已实施完成，并通过验收，建成了国内首个国产化智能制造示范工厂，可为离散型智能制造领域提供借鉴。

另外，也有工厂正在由传统生产向智能制造过渡，试图后来居上。广东劲胜智能集团智能制造工厂规划方案拟采用国产数控机床、国产机器人、国产工业软件构建自主知识产权的国产化智能工厂。该智能工厂规划十条智能生产线，将设备进行系统集成，基于工业网络技术进行互联，构建基于云数控平台的工厂大数据集成应用，通过核心智能执行层软件实现制造执行管控，并提供与上层产品全生命周期管理软件连接的交互式接口，提高产品研发、制造的效率。

智能执行层软件集成了生产订单计划排程，进行生产派工，实现生产调度。通过物料拉动物料管理，结合设备管理、资源管理及数控设备联网管理，确保生产顺利实施执行。结合质量管理及质量控制，推进现场管理，并将执行情况反馈至计划排程。各个业务模块间协同作业，实现在智能执行层软件控制下的智能化制造执行，并实现与上层级生产运营控制中心、数据采集与监视控制(supervisory control and data acquisition，SCADA)系统、ERP 系统，以及现场智能化设备集成系统有机集成，最终实现智能协同生产和过程管控一体化，以保证智能工厂的正常运行。

已建成的广东劲胜智能集团智能制造工厂，实现了高速高精度国产数控机床与工业机器人的协同作业，数控机床加工零件的上、下料装夹环节采用机器人代替人工操作；建立了基于无线射频识别电子标签的零件物料、刀具、工序信息的现场智能感知系统；配置国产智能制造执行系统，实现了对生产过程的智能化管控；建立了全制造过程可视化集成控制中心，实现了人力精简的集成智能化生产。据统计，该工厂采用虚拟开发设计软件、自动化作业、信息化管理等，其产品开发周期由原来的 120 天缩短到 80 天，缩短 33%，产能提升 15%，人力精简 83.8%，有效降低产品的不良率，缩短产品的研制周期，提高设备的利用率。

广东劲胜智能集团智能制造工厂具有三大技术特点。其一，实现了加工装备的高度自动化，即加工过程自动化装夹，加工环节工件的自动化检测，工件自动化搬运分拣入库等。其二，实现了数字化仿真设计，包括工厂建模、车间规划仿真优化，即运用三维建模技术完成整个车间设备数字化建模，根据自动化方案对车间规划方案进行动态可视化仿真验证，优化设计方案。其三，实现了智能化管理与决策，即采用工厂大数据库和云数控集成平台，对设备数据、物料数据、工艺数据、质量数据及人员管理数据进行集成化管理。

从技术角度看，产品生产制造设备和方式已经历了机械化、电气化、数字化等三代制造技术的发展过程。随着物联网、人工智能、机器人等新技术不断发展应用，未来数字化制造将向网络化、智能化方向发展[153]。

目前，制造业的智能化升级已经成为全球发展趋势，我国政府倡导新一代信息技术与制造业深度融合，引导高效、节能、绿色、环保型智能工厂的建设。围绕“中国制造 2025”制造强国战略，工业和信息化部、财政部规划在“十四五”

期间将持续推进实施智能制造示范工程，推进传统制造业的智能化转型升级。

各行业智能制造项目的实施，也将不断推动智能制造相关新技术应用，相应的在技术教育领域也将促进智能制造各类专业人才培养的升级[154]。

5.5 本 章 小 结

本章从多智能体系统、人类行为建模的方法、高效通信与交互方法三方面介绍了多人多机系统的主要构建技术，包括本书建立的 HAO 智能系统架构。最后以城市大脑、智能家居、智能制造三大场景为例进行具体的示例介绍。

第 6 章　人机协同中的伦理与安全

6.1　人机协同系统中的伦理问题

人工智能技术一出现，便伴随着伦理争议和道德评判。正因为人工智能发展前景的不确定性，及其可能导致的伦理后果难以预测，人们对人工智能问题争议不断。作为一种具有颠覆传统、重塑未来强大力量的技术，人工智能所带来的伦理问题已引起学术界的广泛关注。如何准确把脉人工智能的时代镜像，透视人工智能发展的伦理风险，构建和谐共生的人机主体间伦理新形态，是摆在我们面前亟须解决的一个重大时代课题。

6.1.1　人工智能时代的伦理问题

人工智能正处于蓬勃发展的大好机遇期，人类社会吁求高阶科学技术力量的伦理支撑。一方面，人工智能的发展离不开伦理反思的支撑作用；另一方面，人工智能又被称为伦理学科发展的新引擎。不断出现的人工智能伦理新问题，对于伦理学的发展提出了新的更高要求，丰富和拓展了伦理学研究的领域，这反过来又成为助力人工智能发展的重要精神因素。人工智能是一种全新的技术形态，通过语义网络、知识图谱、大数据及云计算等，极大地推动了社会生产力的迅猛发展，改变了人类生产生活方式，拓展了人类生存的意义与价值。依托于算法的人工智能技术，通过一系列的运算、反馈和调整，展现了人工智能的智能程度。以围棋的“人机大战”为例，AlphaGo 以其强大的计算能力战胜人类顶尖棋手李世石，并且通过“深度学习”的方法不断促进自身进步，完成了在部分领域对人类智能的超越。这种超越是人类利用科技力量延伸自身能力，以及追求提升自身价值的体现。另外，在日常生产生活领域，人工智能在增强人类能力的同时，也日益凸显出其对于人类自身解放的重要作用。

机遇与挑战并存，人工智能发展在取得巨大成就的同时，也面临着严峻的伦理挑战。从人与技术的关系来说，人工智能在一定程度上威胁着人的主体性。控制论之父维纳就曾预言：“这些机器的趋势是要在所有层面上取代人类，而非只是用机器能源和力量取代人类的能源和力量。”人工智能与一般人造物存在巨大不同，它不是单纯延伸人的体力的机械物。人工智能模拟的对象是人的大脑和思维方式。而人作为思维主体，是人之为人的本质所在。基于人工智能的特殊性，许多人担心一旦人工智能发展到某个临界点，如诞生强人工智能，它就可能解构人的主体地位，彻底压倒人类。从技术与社会的关系来看，如何有效控制技术力量的消极作用，是社会发展过程中日益凸显的难题。人工智能在给人类带来巨大利益的同时，也产生了诸多社会性问题。例如，企业可以借助人工智能收集大量用户数据，并基于此了解目标对象的偏好和行为倾向，这造成了巨大的权利不对称。再如，人工智能在推动专业化分工和创造新工作机会之余，会使得那些没有能力迈过技术性壁垒的人成为“无用阶级”。又如，在一些情境中，人工智能导致法律责任的归属成为困难。

6.1.2　伦理风险与挑战的学理透视

人工智能本质上是人类智慧和智能高度聚合的表现形式，是人类价值和意义在技术层面的展开与呈现。它所面临的伦理困境就是当前人类社会面临的伦理风险。首先，从人工智能的运行场域来看，伦理情境发生了深刻变革。越来越强大的人工智能的出现，催生了跨人类主义的伦理学问题，传统的伦理学旨趣与伦理情境已然发生重大变化。一是在创制人工智能的过程中，多元伦理理论并没有形成统一共识，从而在设计起点难以嵌入有效伦理规范，这极有可能造成对人工智能约束的失范。二是人工智能技术的强化，不仅逾越了自然的限制，而且很有可能逾越人的限制，进而成为主宰人、支配人、控制人的技术形式，将无法回应人类社会发展的伦理诉求。三是道德伦理编码嵌入人工智能的规范性结构时，既存在正当性辩护的困境，也存在法理性的质疑，这是对于传统伦理提出的新挑战。其次，从人类的伦理认知角度来看，正确认识人工智能的伦理地位，积极避免人工智能带来的伦理失范，是推进人工智能技术的前提。人工智能不仅仅是单纯的工具性“智能机器”，作为对人类智能的模仿或者模拟，其目标是成长为高阶智能形态，这要求必须在其中嵌入道德因子。随着人工智能的工具性力量日益增强，越应强化相关规范性价值，对技术能力的价值规范和伦理规范的强调，是进一步提升人工智能化水平的重要保障。最后，从人机关系的伦理模式来看，当前以人为主导的人机关系模式，具有单纯的规范性取向，即人类已有道德能力和水平决定了人工智能的道德能力建构水平。如果人类在道德问题的判别方面具有不确定性，再加之人类个体道德经验的有限性，那么人工智能造成的伦理冲突将表现得更加突出。

我们当前所面临的人工智能伦理风险，一方面是传统伦理情境、伦理形态面临着总体性困境，人工智能不断解构传统伦理，并在日渐紧张的伦理冲突中提出愈加迫切和急需解决的伦理问题；另一方面是人与自身造物之间关系模式面临解体与重塑，人类自身的伦理禀赋与人工智能的伦理地位之间存在着一定矛盾，特别是在技术力量全面突破人类智慧的时候，如果没有有效的伦理建构和调适，人类社会将会在“技术决定论”中迷失伦理和道德责任。

6.1.3 建构和谐共生的伦理关系

在推动人工智能技术发展水平的过程中，我们不仅在创制“提高人类劳作效率”的机器，也在创制“提升人类思维能力”的机器，更是在创制“契合人类伦理责任”的机器。为此，我们应顺应时代对人工智能发展的新要求，积极进行伦理调适。

其一，明确目标，厘清人机责任。人工智能的伦理调适，其终极目标在于增进人类利益，促进人类整体发展。只有将人工智能发展置于人类发展的历史高度，才有助于构建“人-机命运共同体”。一切都从人类利益出发，是人工智能伦理规范的最根本要求。所有创制人工智能的人类个体，必须把全人类共同利益放在第一位，并且在人机合作中重新定义人类利益，使其更加符合时代发展的新要求。与此同时，我们还必须厘清人机责任，这是责任伦理的重要体现。人工智能能够根据数据运算提供最优化的行动方案，人类则会因为情感等直观因素做出情景类选择，这种行为模式生成途径的不同，决定了两者承担的责任伦理也必然存在差异。对于人工智能来说，其创制者、使用者、消费者，基于不同的情境承担着不同的责任伦理，这就要求我们从全过程角度重新诠释“人-机命运共同体”。

其二，制定原则，体现人文价值。人工智能作为一种技术发展到现在，其工具性一面有了长足的进步和体现。而在人工智能伦理挑战日益凸显的今天，必须在人工智能发展过程中厚植深厚人文价值尺度。首先，必须遵循开放合作原则。鼓励跨学科、跨领域、跨国界的交流合作，推动不同组织和部门及社会公众在人工智能发展与治理中的协调互动。开展国际交流对话与合作，在充分尊重各国人工智能治理原则的前提下，推动形成具有广泛共识的国际人工智能治理框架和标准规范。其次，必须谨守伦理底线。人工智能发展在很多领域事实上正不断突破界限、挑战伦理底线。在涉及伦理道德根本问题，如维护公平正义、保护隐私等时，必须谨慎对待人工智能越界可能带来的严重后果，该坚守住的底线一定要守住，该厘清的界限一定要厘清。最后，必须体现人的目的性。人工智能系统被设计和使用的全过程，始终都应与人类尊严、权利、自由和文化多样性理想一致。人工智能创造的繁荣局面，应被广泛地共享，惠及全人类。

其三，重构伦理形态，协同主体关系。传统伦理形态面临着时代性重构，人类思维和道德情境都在技术社会中被重新认识和改造，场域的深刻变化要求我们重构当代伦理形态。具体而言，重构人工智能时代伦理形态的核心在于构建人机协同合作新模式，这是基于合作化道德准则做出的化解伦理风险、重塑伦理意蕴的理性选择。通过自主学习和深度学习，引导人工智能在人机共生的基础上不断升级，进而提高道德责任能力。通过人工智能在相关伦理问题上的反馈结果，人类自身要提升理性反省和学习能力，从对人工智能道德的单向度要求，转向追求达成人机交互主体间的道德共识。人机之间的相互学习和伦理共鉴，能够不断丰富人机关系的时代内涵，在伦理调适中不断变革传统伦理形态，构建出主体间的伦理新形态，最终实现人机和谐共生。

6.2 安全可信的人机协同系统

人工智能的安全可信与伦理治理受到了各国政府的高度重视。2019 年 4 月，欧盟先后发布了《可信 AI 伦理指南》(*Ethics Guidelines for Trustworthy AI*)和《算法责任与透明治理框架》(*A Governance Framework for Algorithmic Accountability and Transparency*)。2019 年，G20 部长级会议上发布了《G20 人工智能原则》，包括“负责任地管理可信赖 AI 的原则”与“实现可信赖 AI 的国家政策和国际合作”。我国在人工智能安全治理政策方面也早有布局，在 2017 年《新一代人工智能发展规划》中强调“在大力发展人工智能的同时，必须高度重视可能带来的安全风险挑战，加强前瞻预防与约束引导，最大限度降低风险，确保人工智能安全、可靠、可控发展”。在 2017 年 10 月 S36 次香山科学会议上，中国科学院院士何积丰在世界上首次提出“可信人工智能”概念。2019 年，上海成立上海市人工智能产业安全专家咨询委员会，并发起了《人工智能安全发展上海倡议》《中国青年科学家 2019 人工智能创新治理上海宣言》等关于安全可信人工智能的倡议，提出上海需要依托人才和科研优势加快在安全可信人工智能基础理论和共性技术方面的颠覆性突破，在安全攸关产业中引领安全可信人工智能技术的应用，形成基础理论与共性关键技术支撑下的产业应用示范平台，探索人工智能伦理道德规范以及相关法律制度。

人工智能技术是一柄“双刃剑”，具有应用的广泛性与技术局限性，在数据分析、知识获取、自主学习、智能决策等环节具有突出的能力，为网络安全、信息推荐、智能安防、金融风控等应用领域贡献了许多创新型应用，但是也在数据可信、算法可信、网络可信及应用系统可信等方面带来了新的安全隐患。

1. 数据可信

目前以深度学习为代表的人工智能技术与数据是相辅相成的。海量数据促进了人工智能算力与算法的革命性发展，同时人工智能技术也显著提升数据管理、挖掘与分析技术的水平。如果人工智能算法强大的分析与决策能力在数据采集与标注环节受到恶意利用，将形成对人工智能系统的恶意攻击，这不仅会威胁到个人与企业财产安全，甚至影响到社会与国家安全。数据安全包括数据治理、用户隐私、数据交易等问题。欧盟2018年通过了《通用数据保护条例》，对个人数据与隐私数据的采集、管理与使用进行了规范与严格保护。为了进一步提升我国可信人工智能产业的健康发展，亟须在数据“采—存—用”过程中的采集存储、授权访问、共享发布、质量控制、隐私保护、标注安全、模型学习与智能决策等各个环节全面提升可信等级与开展技术突破。在可信机器学习数据安全方面，目前以深度学习为代表的机器学习技术与数据是相辅相成的。海量优质数据促进了算力与算法的革命性发展，机器学习技术也显著提升数据管理与挖掘的水平。数据安全是人工智能安全的关键要素。数据质量对人工智能算法与模型的准确性至关重要，进而影响到人工智能应用的安全；人工智能算法的强大分析与决策能力如果在数据采集与标注环节受到恶意利用，将形成对人工智能系统的恶意攻击，不仅会威胁到个人与企业财产安全，甚至影响到社会与国家安全。数据安全还包括数据治理、用户隐私、数据交易等问题。本项目重点关注数据隐私保护方面的研究，在可信机器学习数据安全方面，需要解决“如果将数据隐私保护与机器学习算法有机结合”这一科学问题。

2. 算法可信

算法是人工智能系统的大脑，定义了其智能行为的模式与效力。目前以机器学习理论为基础的算法迅速发展，在图像、语音与文本等数据上检测、识别、预测等任务上取得了巨大成功；但也由于其目前的技术局限性，对算法的分析仍停留在有限数据集上的准确率、召回率与计算效率等。因此，随着实际智能应用的推广，算法出现了许多性能以外的可信问题。

在可信机器学习算法方面，机器学习算法是人工智能系统的智能核心，由于目前技术的局限性，机器学习算法存在内部与外部两方面的安全隐患。以深度学习为代表的典型机器学习算法目前在可靠性、公平性和可解释性等方面尚存在较大的理论与技术漏洞，使得其决策结果具有一定的不可预知性，导致人工智能系统存在安全隐患。传统的可信软件理论与人工智能理论存在较大的理论与技术鸿沟，如形式化验证等技术工具尚未用于人工智能算法与软件系统的验证。机器学习模型的通用性使得欠缺对面向对象公平性的考虑，从而带来不同层面的歧视以及偏见问题。新型的恶意攻击手段也为人工智能系统带来了新的安全隐患与技术挑战，对抗样本攻击可以通过精心设计的样本改变自动驾驶车辆或者身份识别系统的行为，通过异常样本对数据进行投毒可以使得邮件过滤系统产生错误的分类模式，采用逆向攻击技术可以通过大量的模型预测查询实现人工智能系统的模型窃取。需要重点关注机器学习模型和算法鲁棒性以及公平性问题，从而在可信机器学习算法方面，解决“如何有效进行公平鲁棒可信机器学习建模与算法设计”这一科学问题。

3. 网络可信

网络作为信息化与智能化技术的支撑技术之一，其安全可信问题也是人工智能安全可信的关键要素。同时，人工智能技术也为网络安全注入了新的内涵。它涵盖智能安防、舆情监测、网络防护等完全问题。在智能安防方面，国内摄像头的安全性令人担忧，很容易被攻破并进行数据造假，给用户带来利益损失和安全隐患。在舆情监测方面，我国已积累了大量的经验，但是仍存在通过网络传播法律法规禁止信息，组织非法串联、煽动集会游行或炒作敏感问题等非法事件，这将严重危害国家安全、社会稳定和公众利益。在网络防护方面，为了解决网络环境下所面临的安全问题，保障网络信息安全，使用防火墙对网络通信进行筛选屏蔽以防止未授权的访问进出计算机网络，按照一定的安全策略建立相应的安全辅助系统，采用人工智能技术对入侵检测、病毒攻击等进行行为分析与智能监测。

4. 应用系统可信

应用系统是人工智能应用在复杂动态“人-信息-物理”融合系统中的综合集成。因此，应用系统的可信问题表现在信息系统与物理世界的控制与交互、人在回路与人机交互以及系统的整体性评估等方面。首先，人工智能为智能制造、智慧交通、智慧电网、机器人等物理系统提供决策支持和控制模型，但以数据为驱动的智能控制与生物控制在本质安全和理论基础上有较大差异。为了实现人工智能在物理系统的安全可靠运行,需要与人工智能可信决策相衔接的智能控制算法。实现人工智能系统与物理世界之间控制与交互的可信是保证信息物理系统稳健的核心问题。物理系统中广泛存在着各种强干扰，如风、光、电磁等，人工智能系统需要在干扰条件、不确定性物理环境下安全稳定可靠地运行；真实物理系统存在时延、饱和等强非线性约束，必须建立可满足强约束的人工智能稳健控制理论与方法。其实，人工智能应用系统与人类活动空间发生深度耦合，如无人机、服务机器人等需要在开放空间与人类行为密切交互，此时一方面需要建立符合人在回路或人机交互的人工智能算法与系统，另一方面还需实现可保护人类安全的人工智能系统。同时，现有深度学习算法因可解释性差、鲁棒性弱等可信问题，在一些智能系统中，无法提供本质安全的性能保证，故而必须在“人-信息-物理”系统层面突破基于行为的人工智能可信理论与方法。最后，人工智能系统的形式覆盖了信息收集、交换存储、分析运算、芯片与硬件、软件与服务等各个环节。故在提供智能分析决策能力的同时，人工智能系统也表现出了系统攻击面更大、隐私保护风险更突出、攻击效应更长远等问题。例如，在金融风控应用中，移动互联网与大数据收集和分析技术的成熟发展为互联网金融借贷提供了发展沃土，通过决策树、集成学习、置换分析等机器学习方法，跨品类数据混搭运用、降维组合等手段，对客户进行准确的风险早期预判；但同时金融数据的泄露、客户信息的非法挖掘也给金融市场带来巨大的风险，这在一定程度上阻碍了移动互联网金融行业的健康发展。

6.3　人机协同系统的公平性

面向人机协同系统的公平性，我们可以关注以下方面：研究法律公平性的数学模型，以及公平性模型与人工智能算法公平性的相互作用机理；研究无偏见的人工智能算法，建模并度量人工智能算法公平性；研究基于统计学的群体公平人工智能算法；构建面向个体公平的算法策略；研究海量数据环境下数据偏见的检测及度量，以及防止偏见增大的机器学习算法；研究多智能体系统的公平策略建模与构建、自然语言处理的公平性问题以及非法偏见的人类准则引入等技术。

积极推动公平性在人工智能建模与评估等方面的基础理论与关键技术突破，促进人工智能在监控、风控、预测等重点领域关键环节的进一步技术升级；积极推动人工智能系统无偏见、群体或个体公平的算法策略、数据偏见的检测及度量、防止偏见增大的机器学习算法、多智能体强化学习中的公平策略、自然语言处理的公平性问题、非法偏见的人类准则引入等问题的研究；积极推动公平性在人工智能建模与评估等方面的基础理论与关键技术突破，促进人工智能在监控、风控、预测等重点领域关键环节的技术升级。

6.4　本 章 小 结

信息技术的发展和渗透加速了社会与经济的转型变革，人工智能作为其中的核心驱动力成为未来社会发展的创新原动力与支撑技术。一般而言，人工智能是指基于一定的信息与数据而实现自主学习、决策和执行的算法、软件或机器。从语音识别到机器翻译再到合成创作，人工智能技术已被广泛运用于金融、教育、交通等各行业，使人类社会发生深刻变革。然而，人工智能的发展同时带来了虚假报道、算法偏见、隐私侵犯、数据泄露、网络安全等问题，也对法律、伦理、社会等提出挑战。特别是在航空航天、轨道交通、无人驾驶、智能制造、医疗健康、金融科技等安全攸关的领域，人工智能安全事故将引发极其严重的后果。因此，人工智能的安全治理日益受到重视，从政府到工业界再到学术界，全球掀起了一股探索与发展人工智能可信技术与准则的热潮，人工智能可信技术已经成为影响全球智能相关产业突破与落地的关键“卡脖子”技术。

参考文献

[1] Licklider J C R. Man-computer symbiosis. IRE Transactions on Human Factors in Electronics, 1960,1: 4-11.

[2] Hinton G E, Osindero S, Teh Y W. A fast learning algorithm for deep belief nets. Neural Computation, 2006, 18(7): 1527-1554.

[3] LeCun Y, Bottou L, Bengio Y, et al. Gradient-based learning applied to document recognition. Proceedings of the IEEE, 1998, 86(11): 2278-2324.

[4] Sutskever I. Training Recurrent Neural Networks. Toronto: University of Toronto, 2013.

[5] Pascanu R, Mikolov T, Bengio Y. On the difficulty of training recurrent neural networks. The 30th International Conference on Machine Learning, 2013: 2347-2355.

[6] Hinton G E, Srivastava N, Krizhevsky A, et al. Improving neural networks by preventing co-adaptation of feature detectors. arXiv preprint arXiv: 1207.0580, 2012.

[7] Ioffe S, Szegedy C. Batch normalization: Accelerating deep network training by reducing internal covariate shift. International Conference on Machine Learning, 2015: 448-456.

[8] Huang Z, Xu W, Yu K. Bidirectional LSTM-CRF models for sequence tagging. arXiv preprint arXiv: 1508.01991, 2015.

[9] Zhang Y, Paradis T, Hou L, et al. Cross-lingual infobox alignment in Wikipedia using entity-attribute factor graph. International Semantic Web Conference, 2017: 745-760.

[10] Mimno D, Wallach H, Naradowsky J, et al. Polylingual topic models. Proceedings of the Conference on Empirical Methods in Natural Language Processing, 2009: 880-889.

[11] Bordes A, Usunier N, Garcia-Duran A, et al. Translating embeddings for modeling multi-relational data. Advances in Neural Information Processing Systems, 2013: 1-9.

[12] Nickel M, Tresp V, Kriegel H P. A three-way model for collective learning on multi-relational data. Proceedings of the 28th International Conference on Machine Learning, 2011: 809-816.

[13] Wang Z, Zhang J, Feng J, et al. Knowledge graph embedding by translating on hyperplanes. Proceedings of the AAAI Conference on Artificial Intelligence, 2014, 28(1): 1112-1119.

[14] Lin Y K, Liu Z Y, Sun M S, et al. Learning entity and relation embeddings for knowledge graph completion. Proceedings of the AAAI Conference on Artificial Intelligence, 2015, 29(1): 2181-2187.

[15] Ji G L, He S Z, Xu L H, et al. Knowledge graph embedding via dynamic mapping matrix. Proceedings of the 53rd Annual Meeting of the Association for Computational Linguistics and the 7th International Joint Conference on Natural Language Processing (Volume 1: Long Papers), 2015: 687-696.

[16] Xiao H, Huang M L, Zhu X Y. TransG: A generative model for knowledge graph embedding. Proceedings of the 54th Annual Meeting of the Association for Computational Linguistics (Volume 1: Long Papers), 2016: 2316-2325.

[17] Yang B S, Yih W T, He X O, et al. Embedding entities and relations for learning and inference in knowledge bases. arXiv preprint arXiv: 1412.6575, 2014.

[18] Nickel M, Rosasco L, Poggio T. Holographic embeddings of knowledge graphs. Proceedings of the AAAI Conference on Artificial Intelligence, 2016, 30(1): 1955-1961.

[19] Trouillon T, Welbl J, Riedel S, et al. Complex embeddings for simple link prediction. International Conference on Machine Learning, 2016: 2071-2080.

[20] Socher R, Chen D, Manning C D, et al. Reasoning with neural tensor networks for knowledge base completion. Advances in Neural Information Processing Systems, 2013: 926-934.

[21] Bordes A, Chopra S, Weston J. Question answering with subgraph embeddings. arXiv preprint arXiv: 1406.3676, 2014.

[22] Dettmers T, Minervini P, Stenetorp P, et al. Convolutional 2D knowledge graph embeddings. Proceedings of the AAAI Conference on Artificial Intelligence, 2018, 32(1): 1811-1818.

[23] Guo H, Callaway J B, Ting J P Y. Inflammasomes: Mechanism of action, role in disease, and therapeutics. Nature Medicine, 2015, 21(7): 677-687.

[24] Neelakantan A, Shankar J, Passos A, et al. Efficient non-parametric estimation of multiple embeddings per word in vector space. arXiv preprint arXiv: 1504.06654, 2015.

[25] Guu K, Miller J, Liang P. Traversing knowledge graphs in vector space. arXiv preprint arXiv: 1506.01094, 2015.

[26] Rocktäschel T, Singh S, Riedel S. Injecting logical background knowledge into embeddings for relation extraction. Proceedings of the Conference of the North American Chapter of the Association for Computational Linguistics: Human Language Technologies, 2015: 1119-1129.

[27] Demeester T, Rocktäschel T, Riedel S. Lifted rule injection for relation embeddings. arXiv preprint arXiv: 1606.08359, 2016.

[28] Miller G A. WordNet: A lexical database for English. Communications of the ACM, 1995, 38(11): 39-41.

[29] Etzioni O, Cafarella M, Downey D, et al. Unsupervised named-entity extraction from the web: An experimental study. Artificial Intelligence, 2005, 165(1): 91-134.

[30] Carlson A, Betteridge J, Kisiel B, et al. Toward an architecture for never-ending language learning. The 24th AAAI Conference on Artificial Intelligence, 2010, 24(1): 1306-1313.

[31] Ji L, Wang Y J, Shi B T, et al. Microsoft concept graph: Mining semantic concepts for short text understanding. Data Intelligence, 2019, 1(3): 238-270.

[32] Girshick R, Donahue J, Darrell T, et al. Region-based convolutional networks for accurate object detection and segmentation. IEEE Transactions on Pattern Analysis and Machine Intelligence, 2015, 38(1): 142-158.

[33] Girshick R. Fast R-CNN. Proceedings of the IEEE International Conference on Computer Vision, 2015: 1440-1448.

[34] Ren S, He K, Girshick R, et al. Faster R-CNN: Towards real-time object detection with region proposal networks. Advances in Neural Information Processing Systems, 2015: 91-99.

[35] Redmon J, Divvala S, Girshick R, et al. You only look once: Unified, real-time object detection. Proceedings of the IEEE Conference on Computer Vision and Pattern Recognition, 2016:

779-788.

[36] Liu W, Anguelov D, Erhan D, et al. SSD: Single shot multibox detector. European Conference on Computer Vision, 2016: 21-37.

[37] Simonyan K, Zisserman A. Very deep convolutional networks for large-scale image recognition. arXiv preprint arXiv: 1409.1556, 2014.

[38] Szegedy C, Liu W, Jia Y Q, et al. Going deeper with convolutions. Proceedings of the IEEE Conference on Computer Vision and Pattern Recognition, 2015: 1-9.

[39] Turk M A, Pentland A P. Face recognition using Eigenfaces. Proceedings of the IEEE Computer Society Conference on Computer Vision and Pattern Recognition, 1991: 586-587.

[40] Taigman Y, Yang M, Ranzato M, et al. DeepFace: Closing the gap to human-level performance in face verification. Proceedings of the IEEE Conference on Computer Vision and Pattern Recognition, 2014: 1701-1708.

[41] Vinyals O, Toshev A, Bengio S, et al. Show and tell: A neural image caption generator. Proceedings of the IEEE Conference on Computer Vision and Pattern Recognition, 2015: 3156-3164.

[42] Xu K, Ba J, Kiros R, et al. Show, attend and tell: Neural image caption generation with visual attention. International Conference on Machine Learning, 2015: 2048-2057.

[43] Wu Q, Shen C H, Liu L Q, et al. What value do explicit high level concepts have in vision to language problems? Proceedings of the IEEE Conference on Computer Vision and Pattern Recognition, 2016: 203-212.

[44] Chen X L, Zitnick C L. Mind's eye: A recurrent visual representation for image caption generation. Proceedings of the IEEE Conference on Computer Vision and Pattern Recognition, 2015: 2422-2431.

[45] Shi X J, Chen Z R, Wang H, et al. Convolutional LSTM network: A machine learning approach for precipitation nowcasting. Advances in Neural Information Processing Systems, 2015: 802-810.

[46] Ji S W, Xu W, Yang M, et al. 3D convolutional neural networks for human action recognition. IEEE Transactions on Pattern Analysis and Machine Intelligence, 2012, 35(1): 221-231.

[47] Simonyan K, Zisserman A. Two-stream convolutional networks for action recognition in videos. Advances in Neural Information Processing Systems, 2014: 568-576.

[48] Ng J, Hausknecht M, Vijayanarasimhan S, et al. Beyond short snippets: Deep networks for video classification. Proceedings of the IEEE Conference on Computer Vision and Pattern Recognition, 2015: 4694-4702.

[49] Wei X S, Zhang C L, Zhang H, et al. Deep bimodal regression of apparent personality traits from short video sequences. IEEE Transactions on Affective Computing, 2017, 9(3): 303-315.

[50] Kar A, Rai N, Sikka K, et al. AdaScan: Adaptive scan pooling in deep convolutional neural networks for human action recognition in videos. Proceedings of the IEEE Conference on Computer Vision and Pattern Recognition, 2017: 3376-3385.

[51] Donahue J, Hendricks L A, Guadarrama S, et al. Long-term recurrent convolutional networks for visual recognition and description. Proceedings of the IEEE Conference on Computer Vision and

Pattern Recognition, 2015: 2625-2634.

[52] Tran D, Bourdev L, Fergus R, et al. Learning spatiotemporal features with 3D convolutional networks. Proceedings of the IEEE International Conference on Computer Vision, 2015: 4489-4497.

[53] Collobert R, Weston J, Bottou L, et al. Natural language processing (almost) from scratch. Journal of Machine Learning Research, 2011, 12: 2493-2537.

[54] Mikolov T, Chen K, Corrado G, et al. Efficient estimation of word representations in vector space. arXiv preprint arXiv: 1301.3781, 2013.

[55] Vaswani A, Shazeer N, Parmar N, et al. Attention is all you need. Advances in Neural Information Processing Systems, 2017: 5998-6008.

[56] Devlin J, Chang M W, Lee K, et al. Bert: Pre-training of deep bidirectional transformers for language understanding. arXiv preprint arXiv: 1810.04805, 2018.

[57] Nguyen T, Rosenberg M, Song X, et al. MS MARCO: A human-generated machine reading comprehension dataset. arXiv: 1611.09268, 2016.

[58] 范向民, 范俊君, 田丰, 等. 人机交互与人工智能: 从交替浮沉到协同共进. 中国科学: 信息科学, 2019, 49(3): 121-128.

[59] Pan Y H. Heading toward artificial intelligence 2.0. Engineering, 2016, 2(4): 409-413.

[60] Bulger N J. The evolving role of intelligence: Migrating from traditional competitive intelligence to integrated intelligence. The International Journal of Intelligence, Security, and Public Affairs, 2016, 18(1): 57-84.

[61] 谢申菊, 王成, 汪鹏飞. 达芬奇手术机器人系统的临床使用与管理. 中国医学装备, 2016, 13(1): 44-47.

[62] Goyal N, Yoo F, Setabutr D, et al. Surgical anatomy of the supraglottic larynx using the Da Vinci robot. Head & Neck, 2014, 36(8): 1126-1131.

[63] 王恩运, 吴学谦, 薛莉, 等. 外科手术机器人的国内外发展概况及应用. 中国医疗设备, 2018, 33(8): 115-119.

[64] 郑悦, 景晓蓓, 李光林. 人机智能协同在医疗康复机器人领域的应用. 仪器仪表学报, 2017, 38(10): 2373-2380.

[65] 侯增广, 赵新刚, 程龙, 等. 康复机器人与智能辅助系统的研究进展. 自动化学报, 2016, 42(12): 1765-1779.

[66] 梁旭, 王卫群, 侯增广等. 康复机器人的人机交互控制方法. 中国科学: 信息科学, 2018, 48(1): 24-46.

[67] 明东, 蒋晟龙, 王忠鹏, 等. 基于人机信息交互的助行外骨骼机器人技术进展. 自动化学报, 2017, 43(7): 1089-1100.

[68] Murray S, Ha K, Goldfarb M. An assistive controller for a lower-limb exoskeleton for rehabilitation after stroke, and preliminary assessment thereof. The 36th Annual International Conference of the IEEE Engineering in Medicine and Biology Society, 2014: 4083-4086.

[69] Wang S Q, Wang L T, Meijneke C, et al. Design and control of the mindwalker exoskeleton. IEEE Transactions on Neural Systems and Rehabilitation Engineering, 2015, 23(2): 277-286.

[70] 陈长城. 新技术革命与智能制造技术. 华东科技(综合), 2018, (9): 6.

[71] 路甬祥. 走向绿色和智能制造(一)——中国制造发展之路. 电气制造, 2010, (4): 14-18.
[72] 王芳, 赵中宁. 浅析智能制造过程中的人机交互系统. 自动化博览, 2016, (11): 78-81, 91.
[73] Montaqim A. Smart manufacturing a priority for CSIA. https://roboticsandautomationnews.com/2016/07/27/smart-manufacturing-a-priority-for-csia/6321. [2020-04-20].
[74] Shan R, Ward P. Lean manufacturing: Context, practice bundles, and performance. Journal of Operations Management, 2003, 21(2): 129-149.
[75] 吴澄, 李伯虎. 从计算机集成制造到现代集成制造: 兼谈中国 CIMS 系统的特点. 计算机集成制造系统, 1998, 4(5): 1-6.
[76] 杨叔子, 吴波, 胡春华, 等. 网络化制造与企业集成. 中国机械工程, 2000, 11(1): 45-48.
[77] 李伯虎, 张霖, 王时龙, 等. 云制造——面向服务的网络化制造新模式. 计算机集成制造系统, 2010, 16(1): 1-7, 16.
[78] 周济. 制造业数字化智能化. 中国机械工程, 2012, 23(20): 2395-2400.
[79] 郭雷. 手势识别中手分割算法综述. 电脑知识与技术, 2015, (9): 191-192, 198.
[80] Wang F, Ren X S, Liu Z. A robust blob recognition and tracking method in vision-based multi-touch technique. IEEE International Symposium on Parallel and Distributed Processing with Applications, 2008: 971-974.
[81] Bobick A F, Wilson A D. A state-based approach to the representation and recognition of gesture. IEEE Transactions on Pattern Analysis Machine Intelligence, 1997, 19(12): 1325-1337.
[82] Kohler M. Special topics of gesture recognition applied in intelligent home environments. Gesture and Sign Language in Human-Computer Interaction, 1998: 285-296.
[83] Jia P, Hu H H, Lu T, et al. Head gesture recognition for hands-free control of an intelligent wheelchair. Industrial Robot: An International Journal, 2007, 34: 60-68.
[84] Villarreal M, Fridman A, Amengual A, et al. The neural substrate of gesture recognition. Neuropsychologia, 2008, 46(9): 2371-2382.
[85] Ekman P. Strong evidence for universals in facial expressions: A reply to Russell's mistaken critique. Psychological Bulletin, 1994, 115(2): 268-287.
[86] Li H F, Jiang T, Zhang K S. Efficient and robust feature extraction by maximum margin criterion. IEEE Transactions on Neural Networks, 2006, 17(1): 157-165.
[87] Sarris N, Grammalidis N, Strintzis M G. FAP extraction using three-dimensional motion estimation. IEEE Transactions on Circuits and Systems for Video Technology, 2002, 12(10): 865-876.
[88] Calder A J, Burton A M, Miller P, et al. A principal component analysis of facial expressions. Vision Research, 2001, 41(9): 1179-1208.
[89] Strandvall T. Eye tracking in human-computer interaction and usability research. IFIP Conference on Human-Computer Interaction, 2009: 936-937.
[90] Norman D A. 情感化设计. 付秋芳, 程进三, 译. 北京: 电子工业出版社, 2005.
[91] DataFocus. DataFocus 告诉你: 什么是交互式可视化? https://www.datafocus.ai/17878.html. [2020-04-20].
[92] 腾讯 FITdesign. 从数据可视化到交互式数据分析. http://www.woshipm.com/data-analysis/2815207.html. [2019-09-03].

[93] 中国智能城市建设与推进战略研究项目组. 中国智能城市建设与推进战略研究. 杭州: 浙江大学出版社, 2017.

[94] 腾讯网. 智慧城市发展中体现的主要特征. https://new.qq.com/omn/20190528/20190528A0DY2B.html. [2020-04-20].

[95] 新华网. 车路协同让出行变得更“智慧”. http://www.xinhuanet.com/info/2018-10/02/c_137501721.htm. [2020-04-20].

[96] 智能化弱电网. AI+智慧安防落地应用场景有哪些? http://www.timessmart.com/mobile/info/2/16/619.html. [2020-04-20].

[97] 中国教育报. 教育信息化语境下的“智慧教育”. http://www.moe.gov.cn/s78/A16/s5886/s7822/201801/t20180116_324868.html. [2020-04-20].

[98] 孙国强, 赵从朴, 朱雯, 等. 智能语音识别技术在医院应用中的探索与实践. 中国数字医学, 2016, 11(9): 35-37.

[99] 周瑞泉, 纪洪辰, 刘荣. Intelligent medical image recognition: Progress and prospect. 第二军医大学学报, 2018, 39(8): 917-922.

[100] 机器之心. 华为云推出新冠肺炎 AI 辅助诊断服务, CT 量化结果秒级输出. https://www.jiqizhixin.com/articles/2020-02-10-10. [2020-04-20].

[101] 李智军, 石光明, 杨辰光, 等. 人机混合智能专题简介. 中国科学: 信息科学, 2019, 49(5): 144-146.

[102] 谭铁牛. 人工智能的趋势与思考. http://media.people.com.cn/n1/2019/0509/c426303-31076346.html. [2020-04-20].

[103] 关凯. 大鼠机器人混合智能研究支撑系统的设计与实现. 杭州: 浙江大学, 2018.

[104] 郑南宁, 刘子熠, 任鹏举, 等. 混合-增强智能: 协作与认知. Frontiers of Information Technology Electronic Engineering, 2017, 18(2): 153.

[105] 赵广立. 混合智能: 人工智能研究的下一站. http://www.qstheory.cn/science/2017-08/03/c_1121423678.html. [2020-04-20].

[106] 山东大学. 人机交互——帮助系统的设计. https://wenku.baidu.com/view/669de9bf960590c69ec376b7.html. [2020-04-20].

[107] 杨志明, 王来奇, 王泳. 深度学习算法在问句意图分类中的应用研究. 计算机工程与应用, 2019, 55(10): 154-160.

[108] Munro R. Human-in-the-Loop Machine Learning. Greenwich: Manning Publications, 2019.

[109] AI 科技大本营. 一文详解知识图谱关键技术与应用 | 公开课笔记. https://blog.csdn.net/dQCFKyQDXYm3F8rB0/article/details/82599423. [2020-04-20].

[110] 王昊奋. 知识图谱技术原理介绍. http://www.36dsj.com/archives/39306. [2020-04-20].

[111] bulebin. 知识的提取. https://blog.csdn.net/bulebin/article/details/99702800. [2020-04-20].

[112] 李宁, 李秉严. 知识挖掘技术及应用. 情报杂志, 2003, 22(6): 34-36.

[113] 马颂德, 王珏. 智能信息处理与知识挖掘. 世界科技研究与发展, 1999, 21(6): 16-23.

[114] 郭璇, 郑菲, 赵若晗, 等. 基于阈值的医学图像分割技术的计算机模拟及应用. 软件, 2018, 39(3): 12-15.

[115] 新浪财经. 英特尔 AI 医疗实战曝光: 10 倍加速辅助诊断、准确度高达 90%. https://baijiahao.baidu.com/s?id=1651222648418175141&wfr=spider&for=pc. [2020-04-20].

[116] Foerster J, Assael Y M, de Freitas N, et al. Learning to communicate with deep multi-agent reinforcement learning. NeurIPS, 2016: 2137-2145.

[117] Kimm D, Moon S, Hostallero D, et al. Learning to schedule communication in multi-agent reinforcement learning. International Conference on Learning Representations, 2019.

[118] Das A, Gervet T, Romoff J, et al. TarMAC: Targeted multi-agent communication. International Conference on Machine Learning, 2019: 1538-1546.

[119] Sukhbaatar S, Fergus R. Learning multiagent communication with backpropagation. NeurIPS, 2016: 2244-2252.

[120] Singh A, Jain T, Sukhbaatar S. Learning when to communicate at scale in multiagent cooperative and competitive tasks. International Conference on Learning Representations, 2019.

[121] Jiang J, Lu Z. Learning attentional communication for multi-agent cooperation. NeurIPS, 2018: 7254-7264.

[122] Jiang J, Dun C, Lu Z. Graph convolutional reinforcement learning. International Conference on Learning Representations, 2020.

[123] Sheng J, Wang X, Jin B, et al. Learning structured communication for multi-agent reinforcement learning. arXiv preprint arXiv: 2002.04235, 2020.

[124] David L. Convention: A Philosophical Study. Hoboken: John Wiley & Sons, 2008.

[125] Lazaridou A, Peysakhovich A, Baroni M. Multi-agent cooperation and the emergence of (natural) language. arXiv preprint arXiv: 1612.07182, 2016.

[126] Lazaridou A, Hermann K M, Tuyls K, et al. Emergence of linguistic communication from referential games with symbolic and pixel input. arXiv preprint arXiv: 1804.03984, 2018.

[127] Havrylov S, Titov I. Emergence of language with multi-agent games: Learning to communicate with sequences of symbols. Advances in Neural Information Processing Systems, 2017: 2149-2159.

[128] Evtimova K, Drozdov A, Kiela D, et al. Emergent language in a multi-modal, multi-step referential game. arXiv preprint arXiv: 1705.10369, 2017.

[129] Jorge E, Kågebäck M, Johansson F D, et al. Learning to play guess who? and inventing a grounded language as a consequence. arXiv preprint arXiv: 1611.03218, 2016.

[130] Cao K, Lazaridou A, Lanctot M, et al. Emergent communication through negotiation. arXiv preprint arXiv: 1804.03980, 2018.

[131] Choi E, Lazaridou A, Freitas N D. Compositional obverter communication learning from raw visual input. arXiv preprint arXiv: 1804.02341, 2018.

[132] 王刚. 复盘阿里城市大脑这 3 年. https://www.leiphone.com/news/201901/Pq1EAaIrVXM4mDMv.html. [2020-04-20].

[133] 云迹九州. 阿里云朱金童: 深度揭秘 ET 大脑. https://yq.aliyun.com/articles/376959. [2020-04-20].

[134] 阿里云. ET 城市大脑. https://et.aliyun.com/brain/city. [2020-04-20].

[135] 阿里云. ET 工业大脑. https://et.aliyun.com/brain/industry?spm=5176.11036738.937138.1.f7ecac05tfhV3D. [2020-04-20].

[136] 阿里云. ET 农业大脑. https://et.aliyun.com/brain/aos?spm=a2c17.92424.936119.3.39521a43GpIkOA.

[2020-04-20].
[137] 阿里云. ET 医疗大脑. https://et.aliyun.com/brain/healthcare?spm=5176.11036738.937138.3.f7ecac05tfhV3D. [2020-04-20].
[138] 阿里云. 阿里 ET 环境大脑. https: //et.aliyun.com/brain/environment?spm=5176.11036738.937138.2.f7ecac05tfhV3D. [2020-04-20].
[139] 车子扬, 李阳. 无人餐厅: 消费升级中的一次智慧探索. 杭州, 2019, (39): 27-28.
[140] 姜瑞. 用匠心调制未来科技的味道——金螳螂携手海底捞打造全球首家智慧餐厅. 中国建筑装饰装修, 2019, (4): 20-23.
[141] 宋龙艳. 餐饮业开启“智慧模式”. 投资北京, 2018, (12): 46-48.
[142] 董媛媛, 王笑. 智慧餐厅让您舒心享美味. 共产党员, 2018, (18): 61.
[143] 黄婉银. 碧桂园自主研发首家千玺机器人餐厅落地广州将细化量产向全国拓展门店. https://m.nbd.com.cn/articles/2020-01-13/1400275.html. [2020-04-20].
[144] 北青网. 探访“全链条”机器人餐厅. http://www.666z.com/keji/214569.html. [2020-04-20].
[145] 机器人创新生态. 餐饮服务机器人领域上演“三国杀”. https://robot.ofweek.com/2019-01/ART-8321203-8420-30294881.html. [2020-04-20].
[146] 李代超, 巫蔚青. 浅谈基于 5G 技术的物联网应用研究. 通讯世界, 2020, 27(2): 104-105.
[147] 冯开江. 浅谈无线网络技术在广电智慧家居中的应用. 有线电视技术, 2019, 26(12): 27-28.
[148] 赵晓东. 智慧家居, 在物业型居家养老中王者归来. 城市开发, 2019, (1): 68-70.
[149] 王玉, 任芳. 协同共享融合创新——2019 第三届全国家居行业供应链与智慧物流研讨会侧记. 物流技术与应用, 2019, 24(11): 66-75.
[150] 王军. 建立老年智慧餐厅解决居家养老餐饮难题. 中国营养学会第十四届全国营养科学大会暨第十一届亚太临床营养大会, 2019: 160.
[151] 龚东军, 陈淑玲, 王文江, 等. 论智能制造的发展与智能工厂的实践. 机械制造, 2019, 57(2): 1-4.
[152] 于慧佳. 机电一体化技术在智能制造中的应用. 南方农机, 2020, 51(5): 219.
[153] 孙敏敏. 智能制造背景下加工制造专业人才培养标准再审视. 科技风, 2020, (8): 237.
[154] 孙国勋. 高职学院智能制造实训基地建设研究. 教育教学论坛, 2020, (13): 359-360.